循环农业

现代农民教育培训丛书

尹丽辉 ◎ 主 编

中国农业出版社

北 京

图书在版编目（CIP）数据

循环农业/尹丽辉主编．—北京：中国农业出版社，2021.6

（现代农民教育培训丛书）

ISBN 978-7-109-28354-1

Ⅰ．①循… Ⅱ．①尹… Ⅲ．①生态农业－农业模式－农民教育－教材 Ⅳ．①S-0

中国版本图书馆 CIP 数据核字（2021）第 115986 号

中国农业出版社出版

地址：北京市朝阳区麦子店街 18 号楼

邮编：100125

责任编辑：武旭峰 神翠翠 文字编辑：张田萌

版式设计：杜 然 责任校对：吴丽婷

印刷：北京通州皇家印刷厂

版次：2021 年 6 月第 1 版

印次：2021 年 6 月北京第 1 次印刷

发行：新华书店北京发行所

开本：700mm×1000mm 1/16

印张：10.75 插页：4

字数：220 千字

定价：55.00 元

尹丽辉，男，1956年2月28日出生于湖南省益阳县汾湖州八甲岭，中共党员。1981年12月毕业于湖南农学院农学专业，毕业后分配到湖南省农业厅工作。工作期间，主要从事农业科技管理和农业资源与环境保护管理工作。主持和参加过包括杂交水稻研究开发与推广、稻米重金属镉污染控制技术研究、湖南省重点外来入侵物种调查及高危入侵物种综合防控技术研究与应用等项目，获得湖南省人民政府颁发的湖南省科学技术进步奖。多次被湖南省农业厅记功嘉奖，2015年4月，被湖南省人民政府授予"先进工作者"称号。

编审人员

主　编　尹丽辉

副主编　李咏梅　曾鸽旗

参　编　龚　平　谢可军　李　冀　邬　畏

　　　　　肖和艾　唐　昆　杨咏奕　曾冠军

审　稿　段建南　李裕元　何满庭

湖南省老科学技术工作者协会农业分会在湖南省农业农村厅支持下组织编写的"现代农民教育培训丛书"，对助力美丽乡村建设，促进我国农业农村现代化持续、稳定、协调发展具有重大的现实意义。湖南是农业大省，近年来，全省农业农村系统认真贯彻落实习近平总书记"三农"工作重要指示精神，按照湖南省委、省政府的决策部署，大力推进强农行动和三个"百千万"工程，着力打造优势特色千亿产业，扎实抓好以精细农业为重点的"名优特"农产品基地建设，有效地促进了全省农业农村经济的高质量发展。

实施乡村振兴战略，是党和国家做出的重大战略部署，是"十四五"规划中农业农村发展的重要任务。实现这一战略的关键在于农村实用人才

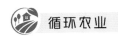

的培养。造就一大批有文化、懂技术、善经营、会管理的高素质农民和实用人才是新时期"三农"工作重中之重的任务。该丛书积极探索培养高素质农民的新做法，拓展教学内容，采取多种有效形式搭建交流共享平台，加强产业对接，突出重点，做好产业文章。农业现代化就是要抓好农业产业化，实现生产规模化、全程机械化、土地集约化、经营一体化，促进农民增收、农村繁荣、农业绿色发展。

"现代农民教育培训丛书"是紧紧围绕农业产业和新农村建设及高素质农民培训工作的要求，紧密结合湖南乃至全国同类地区实际，以适应湖南省产业结构调整和美丽乡村建设的需要为出发点，编写的高素质农民培训教材。丛书立足湖南，辐射全国，特色突出，内容丰富，涵盖了农业农村政策法规、农业产业化实用技术、美丽乡村建设模式、乡村综合治理等多个方面，针对性强，具有先进性、实用性、可操作性等特点，充分反映了我国农业农村发展的新业态、新模式、新技术和发展趋势，适合高素质农民、新型农业经营主体、基层农业技术推广人员、农业院校学生阅读学习。我相信，该丛书的出版，将对进一步做好农村实用人才培训、迅速提高农村人才培训质量、全面提升农民科技文化素质、助推我国农业农村经济高速发展和乡村振兴战略实施发挥极其重要的作用，进而推动我国现代农业绿色、可持续发展。

袁隆平

二〇二一、元、廿八、

　　我国传统农业的一个重要特征就是农林牧三者相互依赖，更广泛一点说是农林牧副渔五位一体。它们之间或开放，或闭合式的循环发展，相互转移、传递着物质和能量，创造了以不到世界10％的耕地养活了世界近20％的人口的奇迹！

　　多年来，全球人口数量的增加，人们消费需求的变化，要求农业的高产高效发展，这已成为不可逆转的趋势，但农村生态对由此带来的环境污染的承载能力并没有提高。不少专家面对现代农业发展的问题，或许是受传统农业的启迪，或许是受循环经济的诱导，采用传统农业的循环发展思路与现代农业的生产力水平相结合，促使农林牧副渔产业之间的相互衔接，推动农业生产系统中物质和能量在更高层次上的循环和转换，或许能事半功倍地使现代农业实现人与自然协调发展。事物变化发展是波浪式前进、螺旋式上升的，农业发展也是这样。过去落后的生产力水平决定了传统农业中循环的效能低下，现在也不可能要求现代农业回到过去，而是把过去循环农业的理念和现在的农业机械、信息技术、智能装置有机结合起来，一定能创造出比传统农业效能更高、环境更优的效果。发展循环农业，不仅能赚到金山银山，而且一定还能守住绿水青山。

　　为了落实乡村振兴战略部署，推动现代农业的高效可持续发展，按照湖南省老科学技术工作者协会和湖南省农业农村厅科技教育处的工作安排，将广大农业科技工作者多年来在农业高效与生态环境相互协调发展上获得的点点滴滴编写成《循环农业》一书，以飨读者。该书共分五章介绍了循环农业的基础知识、实践意义、关键技术、主要模式和前景展望。

　　第一章基础知识。介绍了与循环农业相关的农业生态系统、循环农业的内涵、循环农业的原理。在现代农业发展中，循环农业历史悠久，其形式和内容在不断丰富，其地位和作用也在不断提升。第二章实践意义。阐述了发展循环农业能够变废为宝，有效地利用农业副产品和生产环节中产

生的废弃物，开辟新型生物能源，能大量节约能源、耕地、肥料、灌溉等资源，正是对这些资源的充分利用和节约，降低了成本，减少了污染，保障了农产品的质量，实现了人与环境的和谐发展。第三章关键技术。针对农业生产和农村生活所产生的废弃物、农作物秸秆、畜禽粪便和农村生活污水等当前农业农村面源污染的主要污染源，根据目前科学技术研究的进展以及实际应用效果概述了其中部分适应农村废弃物处置、农作物秸秆利用、畜禽粪便利用和农村生活污水处理的关键技术。第四章主要模式。根据现代农业的系统原理，按照种植业、养殖业、加工业以及产业之间的交叉复合，列举了农户循环农业模式实例、企业循环农业模式实例、园区循环农业模式实例和区域循环农业模式实例。第五章前景展望。简述了循环农业的发展趋势和特点及目前面临的挑战和机遇，对未来循环农业的发展趋势进行了展望，同时对如何发展好循环农业提出了相应的对策和建议。

根据党的十九大提出的发展战略，结合我国现代农业农村发展，发展循环农业是必要的，也是及时的。《循环农业》语言通俗易懂，技术深入浅出，实用性和针对性强，既适合关注和从事农业农村发展的管理工作者，也适合农业科学技术推广指导人员，还适合近年来发展壮大的农业生产新型农业经营主体即专业大户，更适合有志从事农业农村工作、到农村创业的大中专毕业生参考使用。

此书历经五稿，不仅凝聚了作者对循环农业的研究和心血，而且参考和汇聚了不少专家对发展循环农业和防治农业面源污染的成果和见解。本书在编写过程中参考和引用了有关专家的资料，在此表示衷心感谢。除此之外，还要感谢审稿专家对本书提出的许多宝贵意见，特别感谢中国科学院亚热带农业生态研究所长沙农业环境研究站提供的金井基地、湖南省益阳市赫山区农业农村局提供的竹泉农牧基地，以及湖南碧野生物科技有限公司、广东省佛山金葵子植物营养有限公司、湖南省益阳市桃江县农业农村局、安化县农业农村局为本书的编写提供的循环农业示范现场。

由于作者水平有限，本书难免存在很多缺点和不足，敬请广大读者批评指正。我们相信，循环农业是我国传统农业的精髓，它也将与现代农业的发展同行。

编　者

2019 年 11 月

Contents 目 录

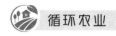

Chapter 1

第一章

基础知识

第一节 | 农业生态系统

一、生物多样性

生物多样性是一定空间范围内多种多样有机体（植物、动物、微生物）有规律地结合在一起的总称（邹冬生等，2007）。它是生物在长期进化过程中，对环境的适应、分化而形成的，是生物与生物之间、生物与环境之间复杂的相互关系的体现。生物多样性是反映地球上所有生物及其生存环境和所包含的组成部分的综合体。生物多样性包含三层含义（林育真等，2013）。一是遗传多样性。它是遗传信息的总和，包含栖居于地球的植物、动物和微生物个体的基因。二是物种多样性。它指地球上生命有机体的多样化。三是生态系统多样性。它指生态系统特征的多样性，即种群、物种和生境的分布方式及丰富程度。生态系统多样性与生物圈中的生境、生物群落和生态过程等的多样化有关，也与生态系统内部由生境差异和生态过程的多种多样引起的极其丰富的多样化有关。各种生态系统使营养物质及化学物质得以循环。生物多样性是生物资源丰富多样的标志，是人类社会赖以生存和发展的基础，农业生产与生物多样性密切相关。

（1）生物多样性是农业生产发展的基础。人类生存必需的食物全部来源于自然界，维持生物多样性，人们的食物品种才会不断丰富。

（2）生物多样性是培育农业动、植物新品种的基础。培育高产、优质、多抗的农作物新品种是提高农业生产发展水平的关键举措之一。农业生产中所使用的动植物品种是人们利用少量亲本资源长期定向培育的结果。这些品种的遗传物质基础相对狭窄，品种在生产长期应用中会出现退化现象，需要不断更新。而品种的更新则必须在自然界中寻找亲近的遗传物质，作为新品种的培育基础。因此，离开了生物多样性，新品种的培育将难以为继。

（3）生物多样性在保持土壤肥力、保证水质及调节气候等方面发挥了

重要作用。近几十年，我国长期坚持人工植树，森林覆盖率逐年上升，已经由 21 世纪初的 16.6％提高到 22％左右，威胁人们生存的沙漠化现象得到了控制，生物多样性得到了一定程度的恢复。

（4）生物多样性有助于保持农业生态系统的稳定性。生态系统的物质循环、能量流动、信息传递，有着相互依赖、相互制约的关系。生物多样性对大气层成分、地球表面温度、土壤通气状况及土壤酸碱度等方面的调控发挥着重要作用。当生态系统丧失某些物种时，就可能导致生态系统功能失调，某些结构简单、功能脆弱的生态系统甚至会面临瓦解。因此，保护生物多样性，对于农业生产和人类未来的发展具有重大的意义。

二、农业生态系统的概念

农业生态系统是人们在一定的时间和空间范围内，利用农业生物与非生物环境之间及生物种群之间的相互作用建立起来的，并在人和自然共同支配下进行农副产品生产的综合体（邹冬生等，2002）。它具备生产力、稳定性和持续性三大特性。农业生态系统是由农业生物和非生物环境两大部分组成的，又分为生产者（绿色植物）、消费者（动物）、分解者（微生物）和农业环境四大基本要素（图 1-1）。农业环境因素主要包括光能、水分、空气、土壤、营养元素和生物种群，以及人的生产活动等。在农业生

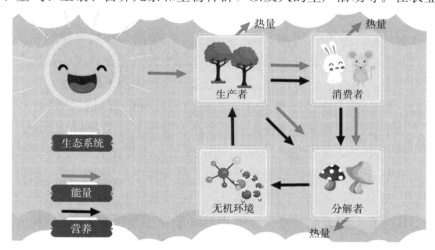

图 1-1　农业生态系统示意图

态系统中，绿色植物包括各种农作物和人工林木等通过光合作用将简单的无机物转化成有机物，同时将光能转化为生物潜能，这一过程被称为初级生产，因此绿色植物又被称为初级生产者。植食动物如马、牛、羊等直接靠摄食植物生存，被称为初级消费者，又因为植食动物具有把植物食料转化为肉、蛋、奶、皮、毛和骨等产品的功能，所以也被称为次级生产者。肉食动物、寄生动物和腐生动物为次级消费者。微生物，包括真菌、细菌和放线菌等，能把生物的残体、尸体等复杂有机物质最终分解成能量、二氧化碳、水和其他无机养分。由于它们的功能是把有机物还原成无机物，微生物又称还原者。农业生态系统就这样通过植物（生产者）、动物（消费者）、微生物（分解者），把无机界和有机界连接成一个有机整体，构成一个结构复杂、持续协调的能量流动和物质循环的系统。

三、农业生态系统的结构

农业生态系统的基本结构是指农业生态系统的构成要素及其在时间、空间上的配置，以及能量和物质在各要素间的转移、循环途径。它包括环境结构、物种结构、时空结构和营养结构。

1. 农业生态系统的环境结构

农业生态系统的环境结构是指农业生态系统的环境组成状况。它由光、温、水、气、土、营养元素等自然生态因子，各种农业基础设施、物化技术措施等人工生态因子组成。

2. 农业生态系统的物种结构

农业生态系统的物种结构，又称组分结构，是指农业生态系统的生物组分由哪些种群组成，以及它们之间的量比关系。它主要由有关农、林、牧、渔生产的生物种类及其伴生生物种群构成。一般通过引种和选种育种方式直接调整农业生态系统的物种结构。

3. 农业生态系统的时空结构

农业生态系统的时空结构是指生态系统中各生物种群在空间上的配置和时间上的分布，它构成了生态系统形态结构在时空上的特征。时间结构是指农业生态系统中，各种生物种类的生长发育进程与环境资源节律变化的吻合情况。其包括种群嵌合时间结构、种群密集时间结构和设施型时间

结构。空间结构包括水平结构和垂直结构。水平结构是指农业生态系统生物种群及其数量在系统水平空间的组合布局状况，包括区域生态景观、生态交错带、区域农业布局等。农业生态系统的水平结构除了受自然环境条件的影响之外，不同农业区位和社会经济条件也有重要影响，如该地区的人口、交通、生产技术、资金、信息等都是非常重要的影响因素。垂直结构又叫立体结构，是指农业生态系统生物种群及其数量在系统垂直空间（立体空间）的组合布局状况。由此，可在一定单位面积土地（水域、区域）上，根据自然资源的特点和不同农业生物的特征、特性，在垂直方向上建立由多种共存、多层次配置、多级质能循环利用的立体种植、养殖等的生态系统。

4. 农业生态系统的营养结构

农业生态系统的营养结构是指农业生态系统的多种农业生物按营养供需关系所联结（搭配）成的生物种群序列或网络，即以营养为纽带，把生物与环境、生物与生物紧密联系起来。这种营养结构由于类似于自然生态系统中食物链的构成，又被称为食物链结构或食物网结构。自然生态系统中，食物链是指生态系统中生物成员间通过"吃"与"被吃"方式而彼此联系起来的食物营养供求序列。由于食性不同，食物链常被划分成四种类型：①捕食性食物链，②腐食食物链，③混合食物链，④寄生食物链。例如，捕食性食物链是以直接消费活有机体或其组织和器官为特点的食物链，如湖泊中存在的藻类—甲壳—小鱼—大鱼食物链（林育真等，2013）。食物网结构是以食物网方式建立起的营养结构。食物网是指在生态系统中多条食物链相互联结而成的食物供求网络。人们常常通过延长食物链，增加系统的组成成分和多样性，从而提高能量的利用率和转化率，增强生态系统的稳定性。营养结构是生态系统中物质循环、能量流动和信息传递的主要途径。

四、农业生态系统的基本功能

农业生态系统的基本功能主要表现为能量流动、物质循环和信息传递。农业生态系统通过由生物与环境构成的有序结构，可以把环境中能量、物质、信息和价值资源转变成人类需要的产品，具有能量转换、物质生产、信息传递和价值形成的功能，在这种转换之中形成相应的能量流、物质流、信息流和价值流（邹冬生等，2002）。

1. 能量流动

能量流动是生态系统存在和发展的动力。农业生态系统利用太阳能并在绿色植物—植食动物—肉食动物等之间传递，形成能量流（图1-2），同时还利用各种自然和人工辅助能（如煤、石油、化肥、农药、薄膜等）。农业生产中，通过植物（生产者）、动物（消费者）、微生物（分解者），形成了连续不断的物质循环和能量转化系统。这个系统中，除太阳能外，常常还由人类以栽培管理、选育良种、施用化肥和农药及进行农业机械作业等形式，投入一定的辅助能源，因而增加了可转化为生产力的能量。农作物的高生产力，在很大程度上是由人类投入的各种形式的辅助能源来维持的。能量流动的基本规律：一是进入农业生态系统的能量不会自行消灭，而是由一种形式转换成另一种形式；二是进入农业生态系统的能量在不同营养级之间转换时，上一级营养级的能量只有部分被下一级营养生物有效利用。能量流动的特征：一是能量流动是单向流动；二是能量流动是能量不断递减的过程；三是能量流动的途径和渠道是食物链和食物网。在生产实践中主要依靠提高系统对太阳能的利用率和强化系统内食物能量的转化效率，来提高农业生态系统的能量转化效率，实现农业生态系统持续发展。

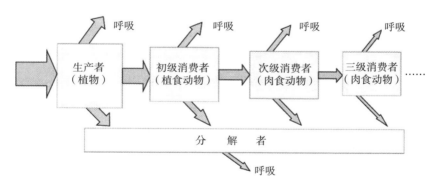

图1-2　农业生态系统的能量流示意图

2. 物质循环

物质循环是指物质的重复利用，指生态系统的一切物质在生物与环境不同组分之间的频繁转移和循环流动。根据重复利用方式不同，物质循环

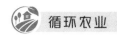

分为地质大循环和生物小循环。地质大循环是指物质或元素经生物体吸收作用，从环境进入生物体内，然后生物以死体残体或分泌（排泄）物形式将物质或元素返回环境，进而加入五大自然圈（大气圈、水圈、岩石圈、土壤圈、生物圈）的循环过程。地质大循环的特点是：历时长、范围大、呈封闭式循环。生物小循环是指环境中的物质或元素经初级生产者吸收作用，继而被各级消费者转化和分解者还原，并返回到环境中，其中大部分很快又被初级生产者再次吸收利用，如此不断进行的过程。生物小循环的特点是：历时短、范围小、呈开放式循环。

物质循环按其循环属性不同，可分为气相循环、水循环和沉积循环。其中，气相循环，如二氧化碳、氮气循环，具有全球性循环的特点，属于完全循环。沉积循环，如磷、硫、钙、钾、钠、铁等元素循环，表现出非全球性循环，属于不完全循环。

农业生态系统的物质循环，通常是指生命活动必需的元素或无机化合物在农业生态系统中，沿着环境—初级生产者—次级生产者—分解者—环境的路径，周而复始地被合成再分解的过程（图1-3）。其核心是养分循环。

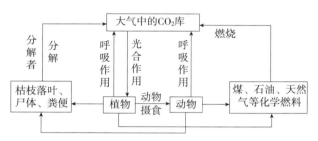

图1-3　农业生态系统的物质流（以碳循环为例）示意图

农业生态系统养分循环的特点：一是有较高的养分输入率和输出率；二是系统内部养分的库存量较低，但流量大、周转快；三是养分保持能力弱，流失率较高；四是养分供求同步机制较弱。农业生态系统的养分循环主要在土壤、植物、畜禽和人这四个养分库之间进行，同时每个库都与外部系统保持多条输入流与输出流。土壤是农业生态系统养分的主要贮存库，土壤接纳、保持、供给和转化养分的能力对整个系统的功能和持续性至关重要。农业生态系统的输入与输出、养分库存量及其随时间的变化、各养分库及相应的输入输出对整个系统养分再循环和收支平衡的贡献，都通过定量化的养分循环而表现。通过了解农业生态系统养分循环过程、输入与输出及其平衡状况，把握农业生态系统的物质循环。因此，只有对农业生态系统进行合理投入，适当补充因农副产品输出系统外而带走的物质，才能维持系统结构和提高持续生产功能。

3. 信息传递

信息传递是指生态系统中各种信息借助由信息源、信息传播渠道和信息受体构成的信息网进行传播的过程。生态系统信息类型有营养信息、化学信息、物理信息和行为信息等。信息传递是生态系统进行自我调控的依据。一个农业生态系统是否高效持续发展，在相当程度上取决于其信息生产量、信息获取量、信息获取手段、信息加工与处理能力、信息传递与利用效果及信息反馈效能，或者说取决于农业生态系统的信息流状态。在农业生产实践中，常常利用光信息来调节和控制生物的发生发展（如利用昆虫的趋光性诱杀农业害虫），利用化学信息来控制生物行为（如利用昆虫的性外激素来诱捕昆虫）等。

五、农业生态系统的物质生产功能

1. 农业生态系统物质生产力的概念

生产力是指一定时期内从农业生态系统所能获得的生物产量。即单位时间内、单位面积上生产的有机物质的多少称为生态系统的生产力。它是任何生态系统基本的数量特征，其大小标志着能量转化效率和物质循环效率的高低，是生态系统功能的具体体现。系统生产力的大小，不是仅以系统内某个生物种群或某个亚系统（如种植业）的生产力为衡量标准，而是以农业生态系统的总体生产力来评价，它包括初级生产力、次级生产力及腐食食物链的生产力。因此，农业生态系统中种植业的初级生产和动物饲养业乃至腐食食物链生物的次级生产都应受到重视。

2. 初级生产和次级生产

初级生产是指自养生物（绿色植物等）把太阳能转化为化学能，把无机物质转化为有机物质的生产，是生态系统的第一性（次）生产。初级生产者包括绿色植物和化能合成细菌等。次级生产是指动物、微生物直接或间接利用初级生产的产品进行的物质生产，是生态系统的第二性生产。如

大农业中的畜牧水产业和食用菌产业生产都属次级生产。

3. 提高初级生产力的方法

生产实践中，造成初级生产力低下的主要原因：一是漏光损失影响光能利用率；二是光饱和限制造成光能浪费；三是呼吸消耗造成光合产物的耗损；四是光能利用率受环境条件及生理状况的限制。目前，在提高光能利用率的方面常采用以下方法：一是改善植物品质特点，选用高光效农业植物类型和品种。如选用抗逆性强的作物品种。二是因地制宜，尽量扩大绿色植物覆盖率，利用一切可种植的土地种绿色植物。充分利用太阳能，增加系统的生物量或生物能，增强系统的稳定性。三是改进耕作制度，提高复种指数，合理密植，实行立体种植，提高栽培管理水平。如实行高秆和矮秆作物间、套作，可以提高单位面积农田的总光能利用率；禾谷类作物与豆科作物间、套作，可以兼收培养地力和充分利用光能的效果。四是强化良种良法配套，充分发挥良种的增产作用。五是加强生态系统内部物质循环，减少养分、水分制约。六是调控作物群体结构，尽早形成并尽量维持最佳的群体结构。

4. 提高次级生产力的方法

次级生产力在农业生态系统中具有十分重要的作用：一是转化农副产品，提高利用价值；二是生产动物蛋白质，改善食物构成；三是促进物质循环，增强生态系统功能；四是提高经济价值。提高次级生产力的主要方法：一是改进次级生产者结构，使初级生产的各种食物能量得到充分利用和多次转化。如发展植食动物和鱼虾等水生生物，可直接将农作物秸秆、菜叶、草等所含能量转化为肉、奶等食物能量；充分利用腐食食物链进行物质生产，有效利用分解能等。二是实行科学喂养，根据喂养动物生育规律，选择最佳饲料结构与饲养方法，达到提高食物转化效率的目的。如在鱼塘中放养草鱼、鲢、鳙、鲫和鲤等多种食性不同的鱼种，构成一个多层次的营养结构，由此产生的综合生态效果，远远超过单养某个鱼种的效果。三是合理控制畜禽，减少维持消耗。四是选择和生产优质饲料。

5. 初级生产与次级生产的关系

次级生产依赖初级生产；合理的次级生产促进初级生产；过度的次级生产破坏初级生产，使生态系统退化。为了提高系统的总体生产力，需要建立系统内各个生物种群之间相互配合、相辅相成、协调发展的高效能量转化。一个生物种群常常只能利用整个农业资源的一部分，而不同生物种群的合理组合则能使系统内物质和能量在其循环、转化过程中得到多层次、多途径的利用，通过彼此间的相互调剂、相互补偿和相互促进产生整合作用，其综合效果往往大于生物种群各个分项效果的总和。建立合理的农业生态系统结构，有利于资源的充分有效持续利用，有利于较好地维持系统生态平衡，有利于保持系统适度的多样性和较强的稳定性，有利于获得较高的系统产量和优质多样产品。如处理好农业生态系统中主要产业的相互关系，就可以较大幅度提高系统的整体功能。因此，根据当地的自然条件，充分利用空间，因地制宜合理配置粮果林用地，改善农田小气候，创造高产稳产的生态环境。通过处理好大田作物与畜牧业的关系，在系统内实现种植业给畜牧业提供饲料来源，畜牧业给种植业提供优质有机肥，从而形成相互依存、相互促控的循环利用关系，可以提高系统生产力。通过处理好大田种植业与渔业的关系，渔业在提供优质水产品的同时，也做到塘泥肥沃农田，作物秸秆又可做鱼饲料，实现粮渔双丰收。在稻作-养猪-养鱼相结合的生态结构下，用粮饲猪、猪粪喂鱼、鱼塘泥做稻田肥料，达到农、牧、渔业相互促进的综合生态效果，且超过种稻、养猪、养鱼单项生态效益和经济效益的总和。通过处理好农、林、牧、渔与加工业的关系，在系统中发展配套加工业，促进物质合理循环，同时又实现产品增值，提高系统的经济效益，还可以就地转化农村剩余劳动力。

六、农业生态系统的生态平衡功能

生态平衡是指在一定时间和一定范围内，生物与环境、生物与生物之间相互适应所维持着的一种协调状态。它表现为生态系统中生物种类组成、种群数量、食物链营养结构的协调状态，能量和物质的输入与输出基本相等，物质贮存量恒定，信息传递畅通，生物群体与环境之间达到高度的相互适应与同步协调（邹冬生等，2002）。农业生态系统的生态平衡就是农业生态系统的结构、功能在一定时间和范围内保持相对稳定，且结构与功能相适应的状态。生态系统处于生态平衡状态时的功能结构叫作稳态结构，即生态系统对任何外来干扰和压力均能产生相应的反应，借以保持

系统各组分之间的相对平衡关系，以及整个系统结构、功能的大体稳定状态，使整个系统得以延续存在下去。农业生态系统的稳态结构包括以下三个层次：一是农业生物与农业环境的适应结构。主要是为了增加农业生物种群产出、创造良好生态环境而建立的一系列结构。二是农业产业结构。即农、林、牧、渔各类在农业生产中所占比例。在一定时期内，农业产业结构呈稳定状态，各业生产没有大起大落。三是农业各产业内部结构。例如，种植业结构即粮、经、饲、肥、园艺作物等合理搭配；林业结构即用材林、经济林、保护林等合理布局与配置；牧业结构即畜禽等发展规模，在一定时期内保持基本稳定。达到稳定或平衡的生态系统，生产、消费和分解之间，即能量流动和物质循环，较长时间地保持相对平衡的状态，其生物量和生产效率维持在相当高的水平。生态系统的平衡状态是靠自我调节过程来实现的，生态系统内部的自我调节能力和稳定性主要依靠其结构成分的多样性及能量流动和物质循环途径的复杂性。一般来说，在结构成分多样、能流成分复杂的系统中，稳定易于保持。因为如果其中某一部分机能发生障碍，可以由其他部分进行调节和补偿，某一物种的数量消长不致危及整个系统。但是，即使是复杂完整的生态系统，其内在调节能力也是有限度的，当外来干扰因素等超过一定限度时，生态系统自我调节功能受到损害，食物链可能断裂，有机体数量就会减少，生物量下降，生产力衰退，从而引起系统的结构和功能失调，物质循环和能量流动受到阻碍，导致生态失衡，甚至发生生态危机。

对农业生态系统的调控可分为经营者直接调控和社会间接调控两种途径。经营者直接调控常采用以下方法：一是通过利用农业技术措施改善农业生物的生态环境，达到调控的目的。如通过建立人工温室、塑料大棚和覆盖地膜等来调节作物生长的气候环境。二是采用农业生产资料输入和农产品输出手段，保持系统输入和输出平衡，使农业生态系统稳定持续生产。三是通过对生物种群遗传特性、栽培技术和饲养方法的改良，增强生物种群对环境资源的转化效率，达到调控的目的。四是对系统结构进行调控。确定组成系统各部分在数量上的最优比例，如对农林牧用地最优比例进行规划；确定组成系统各部分在空间上的最优联系方式，如因地制宜合理布局农林牧生产，创建立体组合与多层配置；确定组成系统的诸要素在时间上的最优联系方式，找出适合当地优先发展的突破口。社会间接调控是指运用农业生态系统外部因素，包括金融、科技、文化、交通、政法等有关社会因素，来影响经营者的行动，对农业生态系统实行间接调控。

七、农业生态系统的特点

与自然生态系统一样，农业生态系统在组成方面是由有生命的有机体和无生命的物质结合而成的；在空间结构方面，反映出一定的地区特性及空间结构；在时间变化方面，生物具有发育、繁殖、生长与衰亡等特征；在内部关系方面，其代谢作用是通过内部复杂的能量、物质转化过程完成的；在外部关系方面，它是一个开放的系统，不断与外界交换物质和能量，通过转化维持着系统的有序状态。同时，农业生态系统与自然生态系统又有显著不同的特点（邹冬生等，2002）：

1. 农业生态系统受人类调控

建立健全农业生态系统的目的是更好地将自然资源高效持续地转化为人类需要的各种农产品。人们运用各种技术措施调节和控制生态系统生物种类及数量，通过基本设施建设和多种技术措施调节和控制各种环境因素及其结构和功能。农业生态系统作为一种人工生态系统，同人类的社会经济领域密切不可分割。

2. 农业生态系统的稳定性差

农业生态系统的生物种群构成，是人类选择的结果。通常只有符合人类经济要求的生物学性状诸如高产性、优质性等被保留和发展，并只能在特定的环境条件和管理措施下才能得到表现。同自然生态系统下生物种群的自然演化不同，农业生态系统的生物种群对自然条件与栽培、饲养措施的要求越来越高，其他物种通常要被抑制或排除，物种种类大大减少，食物链简化、层次减少，致使系统的稳定性明显降低，容易遭受导致生物不育因素的破坏，需要人为合理调节和管理才能维持其结构和功能的相对稳定。一旦环境条件发生剧烈变化，或管理措施不当，它们的生长发育就会由于失去了原有的适应性和抗逆性而受到影响，导致产量和品质下降。这也说明了必须采取各种技术措施，对系统进行调节、控制，以减少这种波动对生态系统造成的干扰和影响。

3. 农业生态系统的净生产率较高

农业生态系统是在人类的干预下发展的。而人类干预的目的是为了从系统取得尽可能多的产物，以满足自身的需要。因而，同自然生态系统下生物种群的自然演化不同，一些符合人类需要的生物种群可以提供远远高于自然条件下的产量。系统总体生产力的提高在很大程度上还取决于人类以化学肥料、杀虫剂、除草剂、杀菌剂和石油燃料等形式投入系统的物质和能量。在一定范围内，投入量增加可使农业生态系统产物增产。

4. 农业生态系统开放性强

农业生态系统对外提供大量的食物和工业原料，使系统内大量物质和能量以农产品的形式输出系统。因此，为了维持系统的生态平衡，以便进行再生产，又需要向系统输入大量补充能量和物质。这种"大进大出"表明其比自然生态系统更开放。农业生产是一个能量与物质流通过程，无论能量与物质提供者的环境条件或者生产者的生物体，在一定时空条件下，它们的生产能力都是有一定限度的，超过其极限，就会造成生态平衡的破坏，使自然资源衰退，农业生产效率下降。例如，由于捕捞强度过大，超过了渔业资源的再生能力，淡水湖泊的主要经济鱼类资源日趋枯竭。在耕地利用上，忽视养用结合，以致土壤肥力严重衰退，引起土壤退化。因此，在大量的物质和能量随着商品流出农业生态系统之后，就必须从外界投入足够的物质和能量，才能保持其平衡。同时，对农业资源不能只顾利用，不断索取，必须加以保护，使之休养生息，才能促进资源增值，提高农业产量。

5. 农业生态系统受双重规律支配

农业生态系统是一个自然、生物与人类社会生产活动交织在一起的复杂系统，它是一个自然再生产与经济再生产相结合的生物物质生产过程。农业生产过程受到自然规律的支配，即种植业、养殖业与渔业等实质上都是生物体的自身再生产过程，不仅受自身固有的遗传规律支配，还受光、热、水、土、气等多种因素的影响和制约。同时，农业生产是经济再生产过程，又受社会经济规律的支配。即农业生产是按照人类经济目的进行的，投入和产出受到经济和技术等多种社会条件的影响和制约。人类从事农业生产，就是利用并促进绿色植物的光合作用，将太阳能转化为化学能，将无机物转化为有机物，再通过动物饲养，提高营养价值，使农业生态系统为社会尽可能多地提供农产品。同时，人类运用经济杠杆和科学技术来提高和保护自然生产力，提高经济效益。总之，发展农业，必须处理好人、生物和环境之间的关系。通过建立一个合理、高效、稳定的人工生态系统，促进农业现代化建设。

第二节 | 循环农业的内涵

一、循环农业的产生

新中国成立以来，我国农业的增长在依靠农业科技发展的同时，也在很大程度上依赖于资源开发和化石能源投入的增加。但是在农产品数量不断增长的同时，农业发展也造成了环境污染、生物多样性破坏、地下水资源污染、食品安全和外来生物入侵等问题不断增加，由此带来的自然灾害的发生越来越频繁。这种状况亟待改变，否则必将影响我国经济社会发展的大局。在这种形势下，20世纪80年代初期，社会各界人士提出了缓解和消除我国生态环境问题的对策和措施。从农业方面着眼，先后提出了发展生态农业、有机农业、绿色农业、低碳农业、可持续农业和循环农业等多种农业发展模式。20世纪80年代中期，有关循环农业的文章，陆续在有关学术期刊发表。特别是进入21世纪以来，大力发展循环农业，积极推行节能减排、减少污染、保护生态环境、提高资源利用效率的绿色生产技术，这为解决农业乃至整个生态环境问题提供一条有效的途径和方法。

党和政府高度重视保护农业生态环境与发展循环农业。20世纪80年代，农业部就在农业生产中大力推广实行间、混、套作，水旱轮作，绿肥种植，广积有机肥等循环农业的技术措施；在高等农业院校开办了农业环保专业，举办了农业环保管理干部培训班，对全国农业系统的干部进行农业环境保护知识培训；就工业三废（指废气、废水、废渣）对农业生产的影响案例，进行了深度调研与及时处理。20世纪90年代，省、市、县普遍建立了农业环境保护的专门机构，充实了技术力量，开展了绿色生产技术的研究与试验示范。生态农业、绿色食品、有机食品的生产技术逐步完善，产地环境、施肥、农药施用生产技术规程、产品标准体系建立，循环农业技术在生产中得到进一步推广。2006年中央1号文件提出，要推进现代农业建设，加快发展循环农业。党的十七届三中全会指出：要加强农业面源污染防治，实施农村清洁工程，到 2020 年基本形成资源节约型、环境友好型农业生产体系，实现农村人居环境明显改善。

根据农业农村部制定的《2019 年农业农村科教环能工作要点》，目前农业生态环境保护与循环农业的工作重点放在以下六个方面：

（1）强化耕地土壤污染管控与修复。加快耕地土壤环境质量类别划分，制定分类清单。出台污染耕地安全利用推荐技术目录，推广低吸收品种替代、土壤酸度调节、水肥调控等技术措施，建设一批受污染耕地安全利用集中推进区，打造综合治理示范样板，探索安全利用模式。

（2）全面实施秸秆综合利用行动。以肥料化、饲料化、燃料化利用为主攻方向，做好技术对接，全面推进秸秆综合利用工作。探索秸秆利用区域性补偿制度，整县推动秸秆全域全量利用。开展秸秆综合利用台账制度建设，搭建国家、省、市、县四级资源数据共享平台，为实现秸秆利用精准监测、科学决策提供依据。

（3）深入实施农膜回收行动。出台《农用薄膜管理办法》，强化多部门全程监管，严格农膜市场准入，全面推广标准地膜。深入推进 100 个农膜回收示范县建设，加强回收体系建设，加快全生物降解农膜、机械化捡拾机具研发和应用，组织开展万亩*农膜机械化回收示范展示。探索建立"谁生产、谁回收"的农膜生产者责任延伸机制。

（4）大力发展生态循环农业。开展生态循环农业示范创建，推进种养循环、农牧结合。创建一批主导产业鲜明、产地环境优良、投入品有效管控、农业资源高效利用、农产品绿色优质的生态循环农业示范县；以涉农企业为主体，创建一批农业生产与资源环境综合承载力相适应的现代生态农业园。着眼农业高质量发展，研究构建以绿色生态为导向的生态循环农业政策框架体系。

（5）开发利用农村可再生能源。强化农村沼气设施安全处置，示范推广沼气供气供热、秸秆打捆直燃供暖、秸秆热解炭气联产、生物质成型燃料和太阳能利用等技术与模式，打造一批农村能源多能互补、清洁供暖示范点。加快推进农村地区节能减排，因地制宜推广清洁节能炉灶炕。研究

---

* 亩为非法定计量单位，1 公顷＝15 亩，后同。——编者注

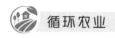

生物天然气终端产品补贴、全额收购等政策，推动出台农村地区生物天然气发展的意见。

（6）加强农业生物多样性保护。加强农业野生植物资源管理，推动制定第二批国家重点保护野生植物名录。开展重点保护物种资源调查，加大农业类珍稀濒危物种资源抢救性收集力度。做好已建农业野生植物原生境保护区（点）管护工作，新建一批原生境保护区（点）。推动外来物种管理立法，提出第二批国家重点管理外来入侵物种名录。强化综合防控，新建一批生物天敌繁育基地，做好应急防控灭除。

二、循环农业的内涵

循环农业是相对于传统农业发展提出的一种新的发展模式，是运用可持续发展思想、循环经济理论与生态工程学方法，结合生态学、生态经济学、生态技术学原理及其基本规律，在保护农业生态环境和充分利用高新技术的基础上，调整和优化农业生态系统内部结构及产业结构，提高农业生态系统物质和能量的多级循环利用，严格控制外部有害物质的投入和农业废弃物的产生，最大限度地减轻环境污染（黄国勤，2015）。简单来讲，循环农业就是运用物质循环再生原理和物质多层次利用技术，实现较少废弃物的生产和提高资源利用效率的农业生产方式。循环农业将现代科学技术与传统农业精华的生产模式相结合，运用"整体、协调、循环、再生"的原理，合理组织农业生产，实现高产、优质、高效与持续发展，达到经济、生态、社会三大效益的统一。循环农业作为一种环境友好型农作方式，具有较好的社会效益、经济效益和生态效益。

循环农业是针对农业发展面临的资源匮乏、能源短缺、生态破坏、环境污染、食品安全问题背景下提出的一种农业发展新模式。该模式重点强调：农业投入——节约资源，生产过程——高效，生产产品——环保；要求做到：废物再用、资源再生、变废为宝、化害为利；其核心是：变传统农业"资源—农产品—废物"的直接性生产为循环农业"资源—农产品—废物（再生资源）—新产品"的循环型生产。循环农业具有资源投入少、能量效率高、物质产出多、环境污染少、系统功能强的特征。循环农业是一个农业生产物质与能量多层次循环利用系统，系统内各要素相互利用、相互作用、实现系统整体优化。它在农业生产系统运行过程中以高新技术为支撑，使用农业高新技术保障农业可持续发展。它在整个农业生产系统过程中以"减量化、再利用、资源化"为准则，形成农业生产循环链，把上一级生产所产生的废弃物变成下一级生产环节的原料，循环往复，有序进行，实现农业生产的低消耗、少排放、高效益，以及农业生态系统的良性循环，达到经济发展与资源节约、环境保护协调统一。循环农业深刻体现了以发展为主导的思想，在求发展的同时，依据经济和环境协调发展的方针，注重环境保护和生态建设。循环农业将农业生产经济活动真正纳入农业生态系统循环中，实现生态的良性循环与农业的可持续发展。

三、循环农业与传统农业

循环农业与传统农业比较，在以下六个方面有所区别：

（1）在农业发展理念上，循环农业注重把循环经济理念应用到农业生产中，改变传统农业只重视农业"产中"过程与环节的状况，提倡农业生产全过程控制（黄国勤，2015）。

（2）在农业生产方式上，循环农业改变了传统农业片面追求高投入、高产出而带来的高消耗、高排放、高污染的生产方式，注重建立资源利用高效率、资源投入最低化、污染排放最少化、提倡"零排放""零污染"的生产目标。

（3）在农业生产模式上，循环农业改变传统农业常常局限于农业系统内部的小产业、小范围、小规模而忽视与外界相关产业的衔接和循环的模式，注重从整体角度构建农业及其相关产业的能量、物质循环产业体系，使农业系统与工业系统相互交织构成大农业体系、大产业系统。

（4）在农业生产技术应用上，传统农业应用的循环农业技术、清洁生产技术以农民的生产经验和单项技术为主，而循环农业采用的技术主要是以综合、配套技术为主，并及时采用最新开发的高新技术，以便尽快在农业生产中获得效益。

（5）在生产管理上，传统农业是以分散的、小规模的农户经营为主，依靠小规模生产中摸索的经验组织生产，往往违背市场经济规律，效益低下。而循环农业更多地采用"企业＋基地＋农户"或农民专业合作社的形

式，将农民组织起来进行全产业链的开发，通过农业职业经理人进行规范管理，通过科学管理使农业资源发挥更大的效益。

（6）在农业生产效益上，循环农业改变了传统农业常常"顾此失彼"，获得好的经济效益，失去生态效益、环境效益的情况，始终将经济效益、生态效益和社会效益放在同等重要位置，从系统、全局、长远考虑，平衡发展、协调发展、持续发展。因此，循环农业是实实在在的高效农业、可持续农业。

四、循环农业的特征

循环农业与其他农业生产发展模式比较，具有以下明显特征：

1. 循环农业注重改善农业生态环境

循环农业把改善农业生产环境和保护农田生物多样性作为农业持续稳定发展的基础，通过节约资源、改善资源质量和提高资源利用效率三大措施来加快改善农业生产环境。

（1）重视节约资源。循环农业在生产过程中始终坚持减量化原则，其核心是要减少各类资源的投入，走资源、能源节约的路子。发展循环农业，一是做到节约农业生产资源。包括节时（减少农耗时间、充分利用季节、不误农时）、节地、节水、节肥、节药、节种、节材、节饲（提高畜牧业的饲料利用率和转化率）。二是做到节约能源（节油、节电、节煤、节柴）。三是做到节约资金。四是做到节约劳动力，促进农村劳动力向二、三产业转移等。循环农业通过减少购买性资源、能源（如化肥、农药、农膜等）投入，减少了二氧化碳、氮氧化物、甲烷等温室气体的排放，有利于减缓全球气候变化，也就是保护了农业生态环境。

（2）重视改善资源质量。循环农业实施农业清洁生产，改善农业生产技术，适度使用环境友好的"绿色"农用化学品，大大减少了化肥、农药、饲料添加剂等各种化学制品的使用，而且对系统输出的"废物""污染物"还通过资源化、无害化处理，实现环境污染最小化，使得农业生态环境在得到保护的同时，生产出来的农产品也是无公害、绿色产品，甚至是有机产品，其优质性、安全性和保健性得到了充分保障。

（3）重视提高资源的利用效率。循环农业丰富多样的生产模式有利于提高资源的利用效率。由于组成循环农业的生物种类多、产业部门多，加上不同生物、不同产业部门之间存在复杂的能量流、物质流、价值流、信息流，因而，由此构成的循环农业模式往往是多种多样的和丰富多彩的，有利于提高资源利用的效率。

2. 循环农业注重农业产业化经营

循环农业提倡农业产业化经营，采用高新技术优化农业系统结构，实现资源利用最大化。传统农业是"资源—产品—废物（排入环境危及生态）"的直线性生产模式，而循环农业改变了传统高效农业这种直线性生产模式，建立了"资源—产品—废物（通过资源化、无害化）—再生资源—新产品"的多层次、立体性复合性生产模式，这种生产模式往往是一、二、三产业相互交织、融合在一起，形成结构复杂的产业网络。与传统农业的"单一性、直线性"相比，循环农业具有多层性、立体性、复合性和复杂性的结构特征，更有利于提高模式功能的效率。

3. 循环农业注重利用高新综合技术

循环农业运用综合技术的方式有利于发挥科技的整体优势。由于循环农业不只是由单一的产业或部门组成，循环农业的生产技术也不是单一的，而往往是由多项单一技术组成的复合性、综合性生产技术体系。当前，我国各地循环农业综合技术基本上都是由几种或多种单项技术组成的综合生产技术，如绿肥养地技术、秸秆还田技术、粪肥利用技术、垃圾再利用技术、污染防治技术、防灾减灾技术、环境整治技术、绿色覆盖技术、间混套作技术、复种轮作技术、生态养殖技术、产品加工技术等。

4. 循环农业注重提高全系统的生产效率

循环农业通过废物利用、要素耦合等方式与相关产业形成协同发展的产业网络。现代循环农业，不仅仅停留在第一产业系统的内部循环（单一系统内循环），而更多地表现为一、二产业之间，一、三产业之间，以及一、二、三产业之间的融合与循环。循环农业是种植业、养殖业、微生物产业之间的融合与良性循环，是产、供、销的一体化与高度融合。循环农业通过融合产业，实现了较高的资源利用率、能量转化率和物质转换率的目标。循环农业应用循环经济原理，规范发展模式，具备发展可持续性。循环农业运用循环原理、采用可循环的农业技术，注重农业生态环境的改

善和农田生物多样性的保护，并将其作为农业持续稳定发展的基础。

5. 循环农业注重经济、社会与生态效益统一，倡导生态文明

循环农业是以生态农业模式的提升和整合为基础的农业发展模式，改善农业生态环境作用显著。循环农业在农村实现清洁型和节约型生活方式，倡导了现代生活文明，社会效益同样显著。循环农业节约资源，提高资源利用效率，在注重社会与生态效益的同时，也注重经济效益。循环农业模式越复杂、产业链条越长，产生的经济效益就越高。与传统农业发展模式相比，循环农业在经济上表现为明显的高效性。循环农业模式：一是节本增效，循环农业减少购买性资源投入，节约生产成本，提高了效益；二是加环增效，循环农业对同一资源的利用环节增多、利用链条延长，且往往是一物（资源）"多用"——多层利用、多次利用、多级利用，延长农业产业链，通过多种方式与相关产业形成协同发展的产业网络，经济效益自然就增加了；三是优质增效，采用循环农业生产技术——清洁生产技术，化学品投入减少，产品安全质量提高，在市场上更受消费者欢迎，价格要比普通农产品高。同时，循环农业还可以通过运用科学管理提高整体功效。循环农业通过"企业＋基地＋农户"或农民专业协会等组织形式将分散农户集中管理，扩大生产规模，实行种养加一条龙的生产模式。应用系统工程学的基本原理，对循环农业系统进行分类（分门别类）、分区（生产区域）、分段（生产时序）的系统管理，可以显著提高循环农业系统的效益。

五、发展循环农业的意义

发展循环农业的意义主要体现在以下四个方面：

（1）提高农业资源利用效率。循环农业发展模式的实质是发展生态经济，使农业经济系统和谐纳入自然生态系统中，最大限度地提高自然资源利用率，缓解资源供需矛盾，保证资源的永续利用，确保子孙后代的生存生活资源得以延续。农业是一个副产品多的行业，循环农业将原有的副产品进行有效开发，使农业产出价值得到极大提升，也大大提高了农业的比较效益。

（2）减少农业生产带来的各种污染。循环农业实施"资源—产品—再生资源"的模式，因此没有或很少有废弃物。这样不仅可以减少农业污染，还可以实现我国农业增长方式的根本转变和产业结构的调整，使农业向生态型转化，促进生态农业、绿色农业、观光农业、体验农业等新型农业的发展，实现现代农业功能转型。

（3）促进高新技术在农业领域的推广应用。循环农业模式可以尽可能减少外界的资源投入，特别是减少化学物品的投入，促进我国农业绿色技术支撑体系建立。采用清洁生产技术和无公害的新工艺、新技术生产出满足人们需要的绿色食品，提高农产品国际市场竞争力。

（4）提升农业产业化水平。实现产业之间、区域之间的资源优化配置，通过产业间的循环，延长农业产业链，可以增加就业机会，并增加农业附加值。

第三节| 循环农业的原理

一、循环经济原理

循环经济是把资源合理开发利用、清洁生产、废弃物的综合利用融为一体的闭环经济系统（梁吉义，2016）。它借鉴自然生态系统的循环模式（"生产者、消费者、分解者"三大功能循环运行），在经济活动中建立"生产者——资源开采者、加工制造者，消费者——资源、产品和服务的消费群体，分解者——废弃物处理者"的产业经济链，将经济活动组织成一个"资源利用—清洁生产—资源再生—产品再生"接近封闭型物质循环的反馈式流程，保持经济生产低消耗、高质量、低废弃，或低开采、高利用、低排放，从而将经济活动对自然环境的影响破坏减少到最低程度。所有的物质和能量都能在这个系统不断进行的循环中得到合理和持久的利用。在区域发展与经济运行中，通过"生产者、消费者、分解者"三大功能实施综合协调、有机配置、流畅循环运行，形成一种高效率、省物料、满足需求、维系良性生态环境的区域经济发展模式，形成一个互利共生、生生不息、循环不断的循环经济系统网络。循环经济发展系统运行遵循"减量化（reduce）、再利用（reuse）、再循环（recycle）"的原则，即"3R"原则。"3R"原则的优先顺序是：减量化—再利用—再循环。

农业循环经济就是在农业生产系统的生产过程中遵循循环经济的"3R"原则，依靠高新技术，实行清洁化生产，实现农业资源集约化开发、闭环式循环利用，废弃物最大限度利用和最小排放，以及经济效益、生态效益、社会效益有效统一，促进农业经济可持续发展（梁吉义，2016）。因此，循环农业可以视为是农业循环经济的具体实践形式。循环经济、农业循环经济和循环农业最核心的共同点是资源循环利用、资源利用最大化、废弃物排放最小化。循环经济理论为循环农业发展提供了重要的理论基础。

二、循环农业的基本原则

发展循环农业应遵循的最基本的原则是减量化原则、再利用原则、再循环原则，它们是发展循环农业应遵循的重点"行为准则"（黄国勤，2015）。

1. 减量化原则

目标是实现资源投入最小化，即在发展循环农业时，尽量减少进入生产过程的物质量，节约资源使用，减少污染物排放。如开始农业生产就要尽量减少农业系统外部购买生产资源（种子、化肥、农药、农膜等）的量，实现农业源头（即农业输入端，农业"产前"环节）资源和能源输入的减量化、最小化，以及输入技术的科学化、合理化。

2. 再利用原则

重点是实现废物利用最大化，提高产品和服务的利用效率。即对于农业生产过程（农业"产中"环节）残留、剩余的作物秸秆、畜禽粪便等农业的"副产品""中间产品"等资源，要采取多层利用、多次利用、多级利用技术，通过延长产业链条，增加二、三产业，实现产业间的衔接、对接、配套、协调与融合，提高资源的利用率和产出率，要将这些资源"吃干榨尽"，使其所含的能量、物质得到最大限度的利用，以获得最大的生产效率和农业收益。

3. 再循环原则

目的是实现污染排放最小化，尽量让物品完成使用后能够重新成为自由往来的资源。就是在农业生产的最后一环节——"产后"环节，即农业生产的输出端，除生产出一定数量与质量的符合人民群众需求的农产品（农业"正产品"）之外，还或多或少地会产生人们不希望产生的农业"副产品""废弃物"，如垃圾、农业"三废"（废气、废液、废渣）和各种污染物质等。对于这些"副产品"和"废弃物"，则要根据生态学上的能量流动、物质循环原理，通过生态系统的循环再生技术和资源化、无害化生产技术，实现"资源再生、废物再用，变废为宝、化害为利"，从而既避免或减少了废物、污染物给农业生态环境造成的危害，还增加了农业"正产品"的产出。显然，再循环原则，也可理解为资源化原则、无害化

原则。

三、循环农业的基本原理

循环农业是经济高效、技术可行、环境友好、生态健康、产品安全、社会接受的农业可持续发展模式（黄国勤，2015）。循环农业的基本原理可概括为以下几个方面：

1. 资源充分利用原理

农业生产的过程和产品在很大程度上由资源的种类、数量、质量等来决定。循环农业，就是通过充分利用土地、光、热、水、气等农业自然资源和社会经济资源，生产出各种农产品。循环农业强调节约、集约利用资源，强调节地（充分利用土地，一年多熟，间套复种），节时（充分利用季节，不误农时），节水（节水农业，节水灌溉，节水型耕作制度），节肥（重视有机肥施用，合理施肥，测土配方施肥），节药（少用或不用农药，绿色防控，生态减灾），节能（少耕、免耕，保护性耕作，节电、节油、节煤、节柴）等。充分利用资源，提高资源利用率、生产率，是发展循环农业的基本要求。

2. 能量高效转化原理

农业生产的过程，就是一个能量转化的过程。循环农业生产系统，既要依靠自然能源（主要是太阳能），还要依靠人工投入，特别是循环农业系统打破了自然生态系统能量转化的"十分之一定律"的限制，在技术上着力提高农业各个循环环节的能量转化率，减少无效能耗，从而达到能量高效转化的目的和效果。这是发展循环农业的关键。为提高循环农业的能量转化率，一是要提高资源利用率，尤其要提高光能利用率，增加光合面积，延长光合时间，提高光合效率；二是要减少无效能耗，尤其要减少"农耗"时间，减少水土流失，提高肥料利用率等；三是推广节能技术等。

3. 物质循环再生原理

物质循环是生态系统基本功能之一。物质循环再生是循环农业系统的重要功能，也是循环农业高效的重要原因。实际上，农业系统的物质循环是不完全循环，核心是提高物质利用效率，减少物质无效输出或有害输出。发展循环农业，必须研究循环农业物质输入的科学性、精确性，研究循环农业生态安全的关键控制技术，实现资源减量化输入及有毒有害物质的无害化处理和输出。通过研发循环农业从种植—养殖—加工等不同产业环节的物质高效利用和循环再生新技术，实现循环农业的高效化、无害化。为提高循环农业的资源利用效率和生态经济效益，通常需要延长产业链条，将种—养—加、产—供—销等组成产业链网结构，实行循环农业的产业化经营。为提高循环农业系统的整体效益，不同产业（一、二、三产业）间必须高度协调融合。一般而言，产业链条越长，产业链网越复杂、周密，其系统功能就越多，产生的效益就越大。此外，为实现循环农业的可持续发展，在循环农业技术上，要开发产业加环、产业链接、防止二次排放等关键技术，构建适度多级、多层次的物质循环利用体系。

4. 生物环境相互适应原理

自然界生物与环境之间，存在相互适应、相互影响和相互作用的关系。一方面，生物先必须适应周边生态环境，之后，生物也会慢慢地、逐步地改造、影响其周边生态环境；另一方面，环境会对生物的居住、栖息、繁殖、行为等产生影响，同时，环境也会因为有这种或那种生物的存在，而发生一定的"变化"或"演替"。循环农业系统的生物与环境同样具有这种相互适应、相互作用的关系。一方面，为提高循环农业系统的生产效率，必须选择"高效"的生物物种；另一方面，为使这种高效生物物种真正发挥"高效"性能，还必须改变、优化循环农业系统的环境，使其有利于这种高效生物物种的生存、生活、生产、繁殖和发展，从而实现循环农业真正的高效。

自然界生物与生物之间，同样存在相互作用的关系。一方面，一些生物物种之间存在着相互依存、相互促进的关系；另一方面，某些生物物种之间，又存在着相互影响、相互制约的关系。在生产实践上，循环农业系统通过充分利用生物间相生相克的关系达到高产增收的目的。为了提高循环农业种植业系统的生产力，常将禾本科作物玉米与豆科作物大豆、绿豆等组成间作复合系统。由于禾本科作物（玉米）与豆科作物（大豆、绿豆等）二者之间存在相互促进的关系，豆科作物可进行生物固氮，增加土壤中氮素营养；禾本科作物植株高大、根系深扎，可为豆科作物遮阴、松土，二者相互促进，从而提高种植业系统的生产力。为防治农田作物病、

虫、草害，必须利用生物物种之间的相克关系。如在蔬菜或棉田间种大蒜、葱、韭菜、辣椒等植物，它们产生的刺激性气味或分泌物能够杀菌和驱避害虫。在十字花科蔬菜地均匀地间作莴苣、薄荷等含有生物碱、挥发油或其他化学物质的作物，能驱避菜粉蝶。

农业生产受自然环境和光、温、水条件影响较大。循环农业生产要取得成功，要获得高产、高效，就必须适应自然环境、顺应自然条件，根据当地、当时（当季）的自然条件和社会经济状况，选择作物种植、动物（畜禽）饲养和产品加工。在生产实践上，要真正做到因地制宜发展循环农业，还必须在充分了解、考察、调研的基础上，有针对性地制订切实可行的循环农业发展规划和发展方案，并采取相应的技术措施，包括农耕农艺措施、农业机械化措施及"废物"的资源化、无害化处理利用措施等。

5. 生态经济协调原理

循环农业系统是典型的生态经济系统，其产业目标是既要获得生产力和经济效益，又要维护环境安全。然而，在特定条件下，农业的经济功能和生态功能往往处于矛盾之中。循环农业要获得经济高效、技术可行、生态安全、环境友好、社会接受，必须协调好经济与生态之间的关系。这要求在循环农业的生产实践中，必须按照生态经济协调原理设计循环农业产业体系，既要获得合理的生产力，又要将其建立在资源环境可承受范围之内。

6. 可持续发展原理

可持续发展，简单地说，就是指既满足当代人的需求，又不损害后代人满足其需求的能力的发展。这种发展，实质是科学发展、清洁发展、安全发展、绿色发展。其不仅讲求发展的数量（速度、规模），更强调发展的质量（效益、时间长久性）。发展循环农业要控制生产过程和产品加工过程，要严格按标准、程序进行生产，实行生产过程清洁化、生产工艺规范化；要控制废物、污染物排放，既要限制排放量，又要对要排放的有毒有害物质进行资源化、无害化处理和再利用，做到"化害为利""化毒（有毒排放物）为零（毒性消解为无毒）""变废为宝"，真正实现循环农业系统循环的"零排放""零污染"。

循环农业以可持续发展为出发点和落脚点，始终追求可持续发展，着力实现可持续发展。循环农业讲求资源节约、环境友好、技术可行、产业融合、产品安全、社会接受，强调通过再利用、再循环，实现资源再生、废物再用，并以此不断化解风险、消除环境污染、避免生态危机，从而最终实现农业可持续发展。这就是循环农业可持续发展的原因。

（李咏梅　曾鸽旗　龚平　杨咏奕）

Chapter 2

第二章

实践意义

　　循环农业的实践意义主要体现在节约农业自然资源、防控农业面源污染、保障农产品安全和食品质量三个方面。实际上，这三个方面是交叉形成、相互作用的。首先，循环农业着眼于农业生产过程中大量的副产品作为资源被重新利用；其次，在日新月异的高科技支持下开发出新型产业而产生新的经济价值，消除由此而带来的农业污染，最终保障农产品安全和食品质量。

第一节│节约农业自然资源

农业自然资源是指一切农业生产和农业经济活动所需的自然界存在的物质和能量，它与农业社会资源（如劳动力、资本等）一同构成农业生产和经济活动的两大物质基础。纵观整个农业发展历程，人类的所有农业生产过程均是利用农业自然资源而进行的自然再生产和经济再生产的过程。不同区域的农业自然资源利用活动是从该区域自然资源的基本条件出发，依据一定的技术经济水平对其加以开发，以满足不同阶段、不同层次的社会需求。农业自然资源的永续利用是农业可持续发展的核心（汪慧玲，2011）。

农业自然资源不仅是作为农业生产的基本资料和劳动对象，为人类提供各种需要的农产品，而且能为包括人类在内的整个生物提供良好的生态环境与生存条件。一般地来说，农业自然资源主要包括气候资源、水资源、土地资源和生物资源。这些资源有些是可以再生的，有些是不可以再生的。发展循环农业，对可再生资源保护利用，对不可再生资源循环利用，可以达到人类在地球上永续生存发展的目的。

一、节约土地资源

土地资源是农民生存的基本资料和劳动对象，且在其利用过程中，可能需要采取不同类别和不同程度的改造措施。伴随经济的快速发展和社会的不断进步，我国的农业发展之路越来越艰巨，尤其是目前我国的土地资源尤其匮乏，土壤严重退化，各种土壤问题逐渐出现，如水土流失、土地沙化、土壤盐渍化、土壤酸碱化、土壤耕性恶化等（谭兴平，2018）。例如，湖南的土地资源总量虽然丰富，土地总面积为 21.18 万千米^2，占全国的 2.21%，但属南方丘陵地带，地貌以山地为主，多种地形并存，如山地、丘陵、盆地、平原等，土地分布大体是"七山一水二分田"。在土地的利用构成中，耕地所占比例较小，约有 415.10 万公顷，实有耕地面

积近几年有一定幅度的提高，但是耕地负载逐年在加大，有些地方的耕地发生严重退化、污染严重等情况。湖南这种现象，在全国也很具代表性。

为缓解土地资源短缺，目前有多种高效利用土地、节约土地资源的利用模式，如稻田综合利用模式、反季节种植模式、间套或轮作模式、果草畜结合模式、蔬菜设施栽培模式、茶果茶林结合模式和林果-畜禽复合生态模式等，这些利用模式大都提高了物质和能量的转移和转换。其特点在于突破传统模式，构建新的生态系统，鼓励使用自我调节系统，充分发挥各物种的作用，利用特有的气候优势，依据生物共存和互惠原理，结合不同区域的情况，促进生态系统向更加多样化的方向转化，提高土地综合利用率，在获取较高的经济效益的同时，也起到节约土地资源的效果，从而实现了对土地用养结合和永续利用。例如，采取林下经济模式，在郁蔽的林下养鹅，每亩可养 500 只，每年可养 3 茬，出栏 1 500 只，年纯收入可达 1.2 万元以上。林下栽培草菇，原料成本低，可以循环利用，种草菇后的培养基废料可做林地肥料，促进林木生长。浙江省磐安县在猕猴桃园里套种中药材——黄精。实施林下套种不仅解决了土壤板结的问题，还增加了每亩土地的收益，一举两得。此外，应用"菌—果"循环模式，利用果树修剪下的枝条作为食用菌生产原材料生产食用菌，每年可为生产食用菌节省 10 万袋以上原料成本；食用菌菌渣又可作为有机肥还田，改良了土壤的有机质含量，提高了土壤的透气性，厚厚的有机质层减少了杂草的重生，不但减少了人工除草的费用，还大大减少了肥料的使用，为优质水果生产提供更好的保障。

二、节约水资源

水资源是指地球上具有一定数量和可用质量能从自然界获得补充并可资利用的水。水资源具有两面性，一方面它是农业生产和灌溉的重要条件，另一方面它也是洪、涝等自然灾害的根源。总体说来，随着工农业生产的发展，人口数量的增加和居住的集中，水资源短缺问题在国内外受到越来越广泛的关注。2020 年我国的水资源总量约为 30 963.0 亿米^3，看起来水资源丰富，但是根据国际公认的人均水资源占有量，我国的人均占有量还是相对较小，只占世界平均水平的 1/4。我国又是农业大国，农业用水量也是巨大的。根据有关资料显示，我国农田干旱面积在不断攀升（李方园，2018）。

在现有农业种植结构下，水资源已远不能满足当地粮食生产、经济发展与区域可持速发展的需求。据统计，我国农业用水量占全国的 70%～80%，而种植业用水量占农业总用水量的 85%（王志鹏等，2019）。为缓解水资源短缺，发展集约高效节水型农业模式是根本出路（王芳，2006）。人们在生产实践中，总结了不少循环农业的用水模式，在一定程度上既节约了宝贵的水资源，又在利用水资源过程中清洁了水资源。如以色列的循环农业突出体现为完善的节水农业体系，喷灌、滴灌、微喷灌和微滴灌等技术得到普遍的应用，80% 以上的农田灌溉应用滴灌，10% 为微喷，5% 为移动喷灌，完全取代了传统的沟渠漫灌方式。采用农业滴灌技术：一是水可直接输送到农作物根部，比喷灌节水 20%；二是在坡度较大的耕地应用滴灌不会加剧水土流失；三是经污水处理后的净化水（比淡水含盐浓度高）用于滴灌不会造成土壤盐碱化。滴灌技术比传统的灌溉方式节约用水和节省肥料均在 30% 以上，而且有利于循环利用废污水。为开辟水源，以色列加大了对污水处理和循环使用的投入。以色列规划农业灌溉全部使用污水再处理后的循环水，目前已将 80% 的城市污水处理循环使用，主要用于农业生产，占农业用水的 20%。经处理后的污水除用于农业灌溉外，有的还重新输回蓄水层。

湖南省水资源总量 1 689 亿米^3，人均水资源占有量约 2 500 米^3。但由于水资源在季节和地区上分配不均，各地农业水资源存在浪费情况（个别地方还比较严重），以及农业造成的水资源污染严重等，湖南省农业的水资源状况并没有表面看到的那么丰裕，水资源短缺还是比较严重（肖海燕，2010）。为此，要鼓励建立水资源生态配置的农业产业结构和节水型农作制度，把推进节水型农作制度作为农业结构调整的重要任务。重点加强生物技术、信息管理技术和新材料技术等高新技术在循环农业节约水资源中的推广应用。选育植物抗旱节水新品种，加快数字农业技术的发展，构建不同区域土肥-作物-大气-水一体化信息监测与控制技术，研发基于3S 空间信息技术（遥感技术、地理信息系统、全球定位系统的统称）的作物生产管理决策支持系统、灌溉用水管理与决策支持系统。创新应用区

域化多水源优化配置技术、农田水肥精量化调整与作物精量控制灌溉技术。积极推进工程、农艺、生物和管理节水技术的标准化，对现有的节水农业技术进行组装配套与有机集成，建立适合全省不同区域现代节水农业技术集成模式和技术体系。研发作物抗旱节水高效栽培技术、集雨蓄水保墒与保护性耕作技术、节水生化制剂与抗旱农机具使用技术，并形成标准与规范。加强全省节水农业基础平台建设，建立农业工程、农业生物、土壤及生态环境等多学科交叉的节水农业基础研究与试验平台，建立节水农业新材料、新产品、新装备创新开发和技术推广服务体系平台，建立节水农业信息与土壤墒情监测管理发布平台。

三、利用其他废弃物资源

传统农业中，除了生产粮食、蔬菜和肉品等主产品以外，还生产了不少如农作物秸秆、谷壳、果壳及畜禽粪便等农业副产品。随着农业生产水平和农民生活水平的提高，对原本为燃料和肥料的农业废弃物，即包括植物性纤维副产品和动物副产品的利用减少，忽视了其可循环再生利用的特性，绝大部分农业副产品就被贬为废弃物。农业生产越发展，农产品数量就越多，随之而来的废弃物也就越多。中国是世界上农业废弃物产出量最大的国家。在传统生产模式下，农业废弃物经常乱堆乱放、随意焚烧，大部分都未进行无害化处理及资源化利用，给农村生态环境造成了严重影响（王芳，2006）。为确保农业农村生态文明建设顺利进行，循环利用农业废弃物已经成为农村环境治理的重要内容。

农业废弃物的循环利用是循环农业最主要的内容。不同时期的科学技术水平决定了农业废弃物的利用价值，不同时期的生产力决定了农业废弃物的利用方式。目前，废弃物资源利用模式包括沼气结合模式、秸秆资源化模式、畜禽粪便资源化模式、腐屑资源化模式和新型生物能源开发等。如建造一个 8 米³ 的沼气池，每年可节柴 2 000 千克以上，相当于 3.5 亩薪炭林或 6 亩林地的年林木蓄积量。以秸秆资源化循环利用模式为例，以草生菌优良菌株选育为重点，循环利用秸秆资源，充分利用废弃物，形成多途径开发模式，每亩栽培草生菌可增产增收 100 元，菌渣有机肥替代化肥量 30%，还能有效地减少稻草焚烧造成的环境污染。

第二节│防控农业面源污染

农业生态环境承载力是指农业生态环境的自我维持、自我调节能力以及农业生态环境系统的供容能力。农业生态环境能够承载外界施加的压力，则农业生产和生态环境是可持续的，否则农业生态环境就会遭到破坏，生产能力持续下降，生态环境污染严重，人类社会的发展就会受到影响（贺卫华，2010）。由于以往传统农业的规模狭小，其产生的农业污染危害没有超过环境的承载能力。但随着现代农业的快速发展，超过农业生态环境承载力的情况屡见不鲜，导致农业生态环境恶化。如某处草原每公顷牲畜放养的承载力是 1 头牛，这 1 头牛就是草原的承载能力。超过 1 头牛，草原就会衰退或沙化、退化。农田也是一样，如果农药、化肥、生活生产污水和废弃物超过其承载能力，就会对当地及其周围环境造成破坏，对人居环境和农产品质量造成污染，甚至影响人们的身体和生命健康。循环农业对环境的贡献就是从源头上防控农业污染。

一、对水资源的影响

农业污染对水环境的影响，主要是指在农业生产活动中，氮、磷等营养物质，农药以及其他有机或无机污染物，随地表径流进入河流、湖泊、水库等水体，造成水体富营养化（彭春瑞，2012；熊妍，2017）。

1. 种植业造成的水体污染

2000 年前后，湖南省施用到种植业上的化肥量不断上涨。据调查，在施肥过程中，平均每年有 100 余万吨化肥通过地表径流、土壤渗滤等进入水体，使得地下水和饮用水经淋溶作用或地表径流渗进了养分或其他污染物，导致水体中各种污染物含量超标、水质恶化。种植业上农药有效利用率不足 30%。调查显示，使用粉剂农药时仅有 10% 附着在植物体上，水剂或乳液仅有 20% 附着在植物体上，大比例农药都降落到地面或飘移至空中。因此，虽然大量使用农药在一定阶段起到了控制农作物病虫害的

效果，但大部分农药会通过各种渠道流入水体，进而污染了水环境。

水环境受污染后，会对水生生物在繁殖、发育等方面造成不同程度的毒害。如影响鱼卵胚胎发育，鱼苗生长缓慢畸变或大量死亡，有些污染物富集在成鱼体内，使之不能食用或繁殖衰退。除草剂的大量使用，池塘中的有些水草已经绝迹。随着用药量的增加，渔业水质不断恶化，会导致淡水渔业和海洋产业的生产和经济发展受到严重威胁。

2. 畜禽养殖造成的水体污染

目前，我国畜禽养殖业已逐渐从家庭散养转向规模化、集约化养殖模式，且集约化程度日渐提高。随着养殖规模日渐扩大，养殖污染物排放量增加，排放区域集中，养殖污染越来越严重，常见畜禽粪便排泄系数和畜禽粪便中污染物平均含量见表 2-1 和表 2-2。近年来，畜禽养殖业产生的污染已成为南方洞庭湖等一些重要河湖的最大有机污染源。畜禽养殖污染对水环境的影响主要源于畜禽粪便污染物和污水，主要表现在地表水富营养化及重金属、抗生素、饲料添加剂和病原微生物的污染。畜禽养殖过程中，排出的污水含有高浓度的有机物，如果未经处理直接排放，会污染地表水和地下水，降低水体自净能力，影响水生生态环境，严重的还会导致某些疾病的传播。

表 2-1　常见畜禽粪便排泄系数

项目	单位	牛	猪	羊	鸡	鸭
粪	千克/天	20.0	2.0	2.6	0.12	0.13
	千克/年	7 300.0	598.0	949.0	25.2	27.3
尿	千克/天	10.0	3.3	未计	—	—
	千克/年	3 650.0	656.7	未计	—	—
饲养周期	天	365	199	365	210	210

注：未计代表未统计，—代表无数据。

表 2-2　常见畜禽粪便中污染物平均含量（千克/吨）

项目		化学需氧量	生化需氧量	硝态氮	总磷	总氮
牛	粪	31.0	24.53	1.71	1.18	4.37
	尿	6.0	4.0	3.47	0.40	8.0

（续）

	项目	化学需氧量	生化需氧量	硝态氮	总磷	总氮
猪	粪	52.0	57.03	3.08	3.41	5.88
	尿	9.0	5.0	1.43	0.52	3.3
羊	粪	4.63	4.1	0.80	2.60	7.5
	尿	—			1.96	14.0
鸡粪		45.0	47.87	4.78	5.37	9.84
鸭粪		46.3	30.0	0.80	6.20	11.00

3. 水产养殖造成的水体污染

在水产养殖过程中，水环境质量直接关系到养殖产量和质量，同时水产养殖活动也影响水体质量和水中生物多样性。在水产养殖过程中，为增加产量向养殖水体中投放过量饵料，因鱼病发生而滥用渔用药物等，造成水体沉积物中硫化物、有机物质等含量升高。其中，残留药物蓄积，致使有害微生物或噬污微生物繁衍，导致养殖生态失衡，影响水体生物健康。目前，水产养殖对水体造成污染的产生方式主要包括以下几种：

直接投放悬浮物：未被水生生物完全利用的过量饵料分解出来的蛋白质或饵料添加剂，导致水体内氮、硫、磷、铁、钙、铜等污染物含量增加。

水生生物代谢和分解饵料：经水生生物吸收和代谢排入水中的饵料，导致水体氮、磷含量剧增，促使水中浮游生物量迅速增加，在淡水中形成水华，在海水中形成赤潮。

水产养殖密度过大：水产养殖密度过大，会增加投饵量，容易造成水中缺乏溶解氧，增加水中的生化需氧量、硫化物及非离子氨等。

药物污染：为降低或控制水生生物发病率，会向养殖水体中投入抗生素等药物，在起到防病治病的同时，也对养殖环境造成了污染，对水体微生态系统造成损害，降低水体自然净化能力。此外，随着水生动、植物抗药、耐药性增强，增加了疫病防治的难度。更为严重的是，药物在水生动、植物体内积累，残留量增大，通过食物链会直接威胁消费者身体健康。

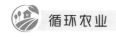

4. 生活污染造成的水体污染

据湖南省统计年鉴，湖南省 2017 年农业人口为 4 849.39 万，按每人每天产生 0.5 千克废弃物计算，每天共产生 2.42 万吨，全年湖南省农村共产生垃圾 883.3 万吨。随着我国农村经济和农民生活水平逐渐提高，农村产生的生活垃圾和生活废水等日益增加，已成为导致水体富营养化的重要来源之一。

同时，在经济快速发展过程中，农业生产原有的一些固体废弃物再利用方法逐渐弱化，大量生活垃圾露天或沿湖河岸堆放，在雨水冲刷作用下，许多有害物质进入水体。而且大部分村庄无固定垃圾处理厂，如按传统处理模式进行焚烧，会造成直接的环境污染或有毒物质残留在环境中。

二、对土壤的影响

作为农业大省，为确保国家粮食安全和主要农产品供应，湖南省高强度利用耕地资源，大力推广两熟制甚至三熟制生产模式，部分天水田、荒坡地、滩涂也用来种植作物。2017 年湖南省农作物总播种面积 12 405 万亩，用占全国 3.1% 的耕地，产出了占全国 4.6% 的粮食、1.9% 的棉花、6.5% 的油料。由于复种指数不断提高，湖南省农业生产中农药、化肥等农业投入品的使用量也随之增加。2017 年，按折纯量计算，全省氮肥施用量为 97.9 万吨、磷肥施用量为 26.0 万吨、钾肥施用量为 42.0 万吨、复合肥施用量为 79.3 万吨（湖南省统计年鉴，2018），肥料施用水平高于全国平均水平。由于生产化肥的矿物质原料本身含有杂质，或化工原料中含有多种重金属、放射性物质和其他有害成分，以及生产工艺流程复杂，化肥中常含有不定量的副成分，大多是重金属、有毒有害化合物及放射性物质，它们随施肥进入农田并在土壤中逐渐积累，这是造成农田土壤污染的一个重要原因（彭春瑞，2012）。

1. 种植业造成的土壤污染

土壤是种植业生态系统的核心组成成分，不仅为作物生长提供基质，也是作物生长所需营养物质的主要来源地。土壤具备一定的自净能力，可以降低有毒物质毒性，或转化为无毒物质，被作物所利用。但当污染物的量超过土壤净化能力和环境容量时，将造成土壤污染，产生环境生态问题。

种植业对土壤的污染主要来源于不合理使用农药、化肥和农膜等化学品及污水灌溉。化肥中含有的重金属、有毒有害化合物及放射性物质，在施肥中进入土壤并逐渐积累。农药的过量使用，会破坏土壤功能，影响土壤生态系统的稳定，严重时威胁到微生物多样性。这些有害物质通过根系的吸收进入作物体内，最终通过食物链影响人体健康。污水中含有重金属等多种有害物质，用于灌溉时，这些物质在土壤中残留期长、难降解，会通过食物链在生物体内积累。此外，长期用污水灌溉土壤，会改变其pH，造成土壤次生盐渍化、碱化、破坏土壤结构。

2. 畜禽养殖对土壤造成的污染

畜禽养殖业中产生的废弃物可以培肥土壤，为农作物提供养分，但若过量，则会造成土壤盐分的积累，影响农作物生长。

大部分重金属无法被畜禽吸收，被排出体外后会在土壤中富集，尤其是当多种重金属共存时，会存在协同作用，污染危害力更强。在土壤中富集的重金属，经作物再次富集后，通过食物链进入生物体内，会影响生物体的健康。此外，重金属会抑制土壤对有机物的降解。未经处理的畜禽粪便会导致土壤微生物污染，当病原微生物在土壤中积累到一定程度时，会破坏土壤原有的生态系统，并且促进某些流行病的传播。畜禽养殖业中使用的抗生素药物会通过畜禽粪便及尿液进入土壤，尤其是规模化养殖场，土壤中的抗生素残留量较高。抗生素污染会对土壤中微生物、动植物产生直接或间接影响、诱导耐药菌株及抗性基因的产生，并且被植物吸收后，会通过食物链影响人类健康（赵方凯等，2017）。

三、对大气的影响

1. 种植业污染造成的大气污染

种植业是全球温室气体排放的重要来源之一。水旱田耕种、化肥施用及秸秆燃烧等农业活动会向大气排放大量的甲烷、二氧化碳等温室气体。自然界中氮的硝化和反硝化作用，使部分氮肥变成氮氧化物或者氨气而进入大气环境。近几年湖南省秸秆逐年减少焚烧比例，但个别地方尚未杜绝。秸秆焚烧不仅浪费资源又污染环境，产生的烟雾不仅降低空气能见

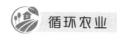

度，也会对人体健康产生威胁。种植业中施用的农药会形成漂浮物，通过扩散分布造成大气污染，这些漂浮物或被大气中的飘尘吸附，或以气体和气溶胶的状态悬浮在空气中。大气中的农药微粒会随大气的运动而扩散，从而使农药污染的范围不断扩大，有的甚至可以飘移到很远的地方。另外，农药厂的废水、废气、废渣排放，以及环境介质中农作物、水体与土壤等残留农药的挥发，也是造成大气污染的主要原因。大气中的农药通过呼吸作用进入植物体后，能引起植物生理变化，导致植物对寄生或捕食者的攻击更加敏感，也会抑制或者促进农作物或其他植物的生长发育，提早或推迟成熟（彭春瑞，2012）。

2. 畜禽养殖造成的大气污染

由于畜禽规模化、集约化养殖的密度较高，畜禽粪便排出体外后在微生物作用下产生的降解产物与粉尘及呼出的二氧化碳等混合后，散发出硫化氢、二氧化碳、氨气等恶臭气体。据测定，畜禽粪便散发出的臭气含有臭味化合物168种，这些有害气体散布到空气中，造成空气质量降低，严重时可对人和动物产生不良影响甚至引发疾病。畜禽粪便中的氨挥发到大气中，是大气中最大的氨气源，成为酸雨形成的影响因素之一。

畜禽带有多种病原微生物，通过呼吸、皮屑、毛发或灰尘，或通过动物运动使混有粪便的垫草卷起，排在舍内、外环境的空气中。空气中的微生物分布不均匀，离地面越近，含菌量越高。畜禽舍内空气中的含菌量一般远远高于舍外。特别是在饲养管理操作过程中能显著造成舍内微生物增加（武深树，2010）。

第三节 | 农产品安全和食品质量

在食品领域，食物常规的生产方式正引起人们广泛而深刻的反思，食品安全、环境保护、可持续发展被提上议事日程。大量触目惊心的事实表明，农产品作为食品的源头，其质量安全问题越来越受到社会的关注，已成为社会的热点与焦点。不合理的农业生产活动会导致生态环境的破坏，食品的质量和供应状况也每况愈下，甚至到了危害人类福利和健康的地步。

一、化肥对农产品的影响

农业生产中过度使用化肥，导致农产品的生物和化学污染。过量施用氮肥，会导致农产品尤其是蔬菜、水果中硝酸盐含量过高及重金属超标。如贮存过久的新鲜蔬菜或放置过久的煮熟蔬菜，其硝酸盐还原为亚硝酸盐，对人体健康产生重大威胁。磷肥含镉、砷等重金属，如过量使用，也会增加蔬菜、粮食中的重金属含量（彭春瑞，2012）。

生产化肥所用的原料含有较多的重金属等有害物质，当这些物质随施用化肥的过程进入农田后，会直接危害作物生长，污染农产品，进而危害人体健康。在我国因施用废酸制造的钙肥导致了大面积的化肥污染事件，进而导致农产品质量安全问题。同时，未被作物利用的化肥随降雨、灌溉和地表径流进入水体，造成水体富营养化，这会直接影响水产养殖产品的质量，并通过饮食等途径进入人体，影响人类健康。据监测，农村地下水中氨氮类污染物严重超标，个别地区硝酸盐含量超过《生活饮用水卫生标准》（GB 5749—2006）限值的5～10倍。当饮用水中硝酸根离子含量超过10毫克/升时，可能会诱发婴儿患高铁血红蛋白血症。此外，如果饮用水含有过量的硝酸盐，它们会在人胃中还原为亚硝酸盐，与人胃中的仲胺或酰胺作用形成亚硝胺致癌、致畸或致突变物（彭春瑞，2012）。

二、农药对农产品的影响

在我国现在使用的农药中高毒农药仍占一定比例，有机磷、氨基甲酸酯类杀虫剂约占整个农药用量的 3%。农药的过量施用在水稻生产中达40%，在棉花生产中超过了 50%。农产品中的农药化学残留，可以通过水、气等媒介，从一种环境介质扩散到另一种环境介质，并且通过食物链直接或间接影响到距离农药使用点较远的人群。另外，农药化学残留在农产品表面或其中，随生物富集作用通过食物链的延长而加强，最终集中在食物链的最顶端——人体内。长期、大量和不合理使用农药，不仅对环境造成影响，而且导致农产品农药残留，危及人类健康（彭春瑞，2012）。

已有新闻报道和研究显示，农药导致的农产品质量安全问题十分严峻，引发的食物急慢性中毒事件也时有发生，是导致癌症、动脉硬化、心血管病、胎儿畸形、死胎、早夭、早衰等疾病的重要原因。1995 年 9 月24 日，广西宾阳县一所学校的学生因食用喷洒过剧毒农药的白菜，造成540 人集体农药中毒。长期接触或食用含有农药的食品，使农药在体内蓄积，短时间内虽不会引起人体内出现明显急性中毒症状，但可产生慢性危害。例如，有机磷和氨基甲酸酯类农药可抑制胆碱酯酶活性，破坏神经系统的正常功能。美国科学家研究表明，滴滴涕能干扰人体内激素的平衡，影响男性生育能力。在加拿大的因内特，由于食用杀虫剂污染的鱼类及猎物，致使儿童和婴儿出现免疫缺陷症，他们的耳膜炎和脑膜炎发病率是美国儿童的 30 倍。农药慢性危害虽不会直接危及人体生命，但可降低人体免疫力，从而影响人体健康，致使其他疾病的患病率及死亡率上升。农药具有很强的"三致性"，即致畸、致癌及致突变，其致畸作用直接危害后代的正常发育，而致癌与致突变作用的潜伏期可达数十年以上。国际癌症研究机构根据动物实验验证，18 种广泛使用的农药具有明显的致癌性，还有 16 种显示潜在的致癌危险性（彭春瑞，2012）。

三、农膜对农产品的影响

随着农业生产的快速发展，农膜的使用量也大幅增加。农膜主要用于覆盖农田，起到提高地温、保持土壤湿度、促进种子发芽和幼苗快速增长的作用，还有抑制杂草生长的作用。2017 年湖南省农膜使用量为 8.52 万吨，但部分农膜不能及时进行回收，被随意弃置在农田中，导致土壤结构破坏，影响农作物生长，且降解过程长，会产生有毒物质造成环境污染。农膜可以为农业生产带来经济效益，但若不及时回收处理，会影响土壤通气、容重、孔隙度及含水量等，这些会影响农作物生长。据统计，地膜残留会导致玉米减产 11.0%～13.0%，小麦减产 9.0%～10.0%，水稻减产 8.0%～14.0%，大豆减产 5.5%～9.0%，蔬菜减产 14.5%～59.2%。此外，农膜中所含的联苯酚和邻苯二甲酸酯等通过土壤还会对农产品产生污染，危害人类健康（彭春瑞，2012）。

四、其他投入品对农产品的影响

常规畜禽养殖过程中普遍使用抗生素和激素，这些成分残留在食品中，被食用后，毒物在人体中积存，时间长了便会酿成严重后果。例如，抗生素使人体产生大量的耐药菌株，并导致抗生素对人类疾病的疗效严重降低；激素和镇静剂会引起肥胖症、激素调节紊乱、青少年性早熟，还能使人萎靡不振（邱瑾，2007）。

残留在蔬菜表面的四环素类抗生素，可以通过食物链进入人体内，对人体造成危害。临床应用已经证明许多四环素类抗生素会对人体部分器官细胞产生毒性作用、减缓人体代谢、引起肠胃疾病等。目前，食用的畜禽产品中含有不同浓度的抗生素，会造成人体内出现抗生素抗体，严重时会滋生超级细菌，导致无法医治（于晓雯等，2018）。

五、循环农业保障农产品安全和食品质量

循环农业是以资源的高效利用和循环利用为核心，以减量化、再利用、再循环为原则，以低消耗、低排放、高效率为基本特征，以尽可能少的资源消耗和尽可能小的环境代价追求最大的发展空间和效益，最终实现经济、社会、资源、环境协调发展的一种新的可持续农业发展模式。它在高产量、高质量、高效益的生态条件下，不仅可以提高农产品的品质，促进农民增收，而且可以确保食品安全，符合农业可持续发展的迫切要求。

通过循环农业提升农产品安全和质量，应做好新技术的推广和废弃物

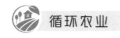

利用等关键环节。一是生产无公害农产品。利用生态循环农业标准化综合配套集成新技术，加快发展无公害农产品，大力发展绿色食品和有机食品，提高农产品质量和附加值。二是控制污染源。合理降低农药、化肥使用量，建立农膜等农业投入品及其包装物的集中回收处理机制，从源头降低农业污染对食品产生的潜在危害。三是提高农业废弃物利用率。以农作物秸秆、畜禽排泄物、农产品加工下脚料、水产养殖用水循环回用等为重点，提升农业废弃物综合利用水平，保障农产品品质（王海存，2012）。

第四节 | 农业农村污染排放标准

一、生活污水

农村生活污水主要包括厕所、盥洗和厨房排出的污水。2019年4月9日，住房和城乡建设部发布了《关于发布国家标准〈农村生活污水处理工程技术标准〉的公告》，批准《农村生活污水处理工程技术标准》为国家标准，编号为 GB/T 51347—2019，自 2019 年 12 月 1 日起实施。

其中，对农村居民日用水量设定了参考值，有水冲厕所和淋浴设施的村庄，用水量为 100～180 升/(人·天)；有水冲厕所、无淋浴设施的村庄，用水量为 60～120 升/(人·天)；无水冲厕所、有淋浴设施的村庄，用水量为 50～80 升/(人·天)；无水冲厕所和淋浴设施的村庄，用水量为 40～60 升/(人·天)。通过排放系数确定污水排放量。农村生活污水排放量一般为总用水量的40%～80%，有洗衣污水室外泼洒、厨房污水喂猪等习惯的地方可取下限值，排水设施完善的地方可取上限值。

此外，对农村居民生活污染水质也设定了建议取值范围，根据《农村生活污水处理工程技术标准》(GB/T 51347—2019)，pH 设定在6.5～8.5；悬浮物参考值设定为 100～200 毫克/升；化学需氧量参考值设定为 150～400 毫克/升；生化需氧量参考值设定为 100～200 毫克/升；氨氮参考值设定为 20～40 毫克/升；总磷参考值设定为 2.0～7.0 毫克/升。

目前，湖南省已制定《农村生活污水处理设施水污染物排放标准》(DB 43/1665—2019)(以下简称《标准》)。《标准》中规定了农村生活污水处理设施水污染物的排放控制要求、监测、实施与监督等要求，适用于处理规模小于 500 米³/天（不含）的农村生活污水处理设施水污染物排放

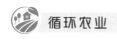

管理。根据农村污水处理设施排入地表水的环境功能和保护目标，将控制项目的标准值分为一级标准、二级标准和三级标准。

表 2-3　水污染排放浓度限值（毫克/升）

序号	控制项目	一级标准	二级标准	三级标准
1	pH（无量纲）		6～9	
2	悬浮物（SS）	20	30	50
3	化学需氧量（COD$_{Cr}$）	60	100	120
4	氨氮（以 N 计）	8（15）[1]	25（30）[1]	
5	总氮（以 N 计）[2]	20	—	
6	总磷（以 P 计）[2]	1	3	
7	动植物油[3]	3	5	

注：COD$_{Cr}$ 是以重铬酸钾为氧化剂测定出的化学需氧量。
①括号外数值为水温>12℃时的控制指标，括号内数值为水温≤12℃时的控制指标。
②出水排入封闭水体或超标因子为氮磷的不达标水体时增加的控制指标。
③进水含餐饮服务的农村污水处理设施增加的控制指标。

出水直接排入《地表水环境质量标准》（GB 3838—2002）规定的地表水Ⅲ类功能水域（划定的饮用水源保护区和游泳区除外）且规模在 10 米³/天（含）～500 米³/天（不含）时执行规定的一级标准，规模在 10 米³/天（不含）以下时执行规定的二级标准。

出水直接排入《地表水环境质量标准》（GB 3838—2002）规定的地表水Ⅳ类、Ⅴ类功能水域且规模在 10 米³/天（含）～500 米³/天（不含）时执行规定的二级标准，规模在 10 米³/天（不含）以下时执行规定的三级标准。

出水排入村庄附近池塘等环境功能未明确的水体时执行规定的三级标准，县级以上人民政府可根据水环境保护实际需求，执行更严格的排放限值。

尾水利用应满足国家或地方相应的标准或要求。其中，回用于农田、林地、草地等施肥的，应符合施肥的相关标准和要求，不得造成环境污染；回用于农田灌溉的，相关控制标准应满足《农田灌溉水质标准》（GB 5084—2005）规定；回用于渔业的，相关控制标准应满足《渔业水质标准》（GB 11607—1989）规定；回用于景观环境的，相关控制标准应满足《城市污水再生利用　景观环境用水水质》（GB/T 18921—2019）规定；

回用于其他用途的，执行国家或湖南省相应回用水水质标准。

对于重点流域、重点区域、重点断面汇水区、黑臭水体以及水环境容量较小地区，县级以上人民政府可根据水环境保护实际需求，执行更严格的排放限值。

二、土壤环境管控

为贯彻落实《中华人民共和国环境保护法》，保护农用地土壤环境，管控农用地土壤污染风险，保障农产品质量安全、农作物正常生长和土壤生态环境，生态环境部与国家市场监督管理总局联合发布《土壤环境质量农用地土壤污染风险管控标准（试行）》（GB 15618—2018），2018 年 8月 1 日起开始实施。标准中规定了农用地土壤污染风险筛选值和管制值，以及监测、实施与监督要求（表 2-4、表 2-5、表 2-6）。

表 2-4 **农用地土壤污染风险筛选值**（基本项目）（毫克/千克）

序号	污染物项目①②		风险筛选值			
			pH≤5.5	5.5<pH≤6.5	6.5<pH≤7.5	pH>7.5
1	镉	水田	0.3	0.4	0.6	0.8
		其他	0.3	0.3	0.3	0.6
2	汞	水田	0.5	0.5	0.6	1.0
		其他	1.3	1.8	2.4	3.4
3	砷	水田	30	30	25	20
		其他	40	40	30	25
4	铅	水田	80	100	140	240
		其他	70	90	120	170
5	铬	水田	250	250	300	350
		其他	150	150	200	250
6	铜	果园	150	150	200	200
		其他	50	50	100	100
7	镍		60	70	100	190
8	锌		200	200	250	300

注：①重金属和类金属砷均按元素总量计。

②对于水旱轮作地，采用其中比较严格的风险筛选值。

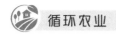

表 2-5　农用地土壤污染风险筛选值（其他项目）（毫克/千克）

序号	污染物项目	风险筛选值
1	六六六总量①	0.10
2	滴滴涕总量②	0.10
3	苯并［a］芘	0.55

注：①六六六总量为 α-六六六、β-六六六、γ-六六六、δ-六六六四种异构体的含量总和。
②滴滴涕总量为 p,p′-滴滴伊、p,p′-滴滴滴、o,p′-滴滴涕、p,p′-滴滴涕四种衍生物的含量总和。

表 2-6　农用地土壤污染风险管制值（毫克/千克）

序号	污染物项目	风险筛选值			
		pH≤5.5	5.5<pH≤6.5	6.5<pH≤7.5	pH>7.5
1	镉	1.5	2.0	3.0	4.0
2	汞	2.0	2.5	4.0	6.0
3	砷	200	150	120	100
4	铅	400	500	700	1 000
5	铬	800	850	1 000	1 300

三、畜禽养殖业

为控制畜禽养殖业产生的废水、废渣和恶臭对环境的污染，促进养殖业生产工艺和技术进步，维护生态平衡，国家环境保护总局等发布了《畜禽养殖业污染物排放标准》（GB 18596—2001）。标准适用于集约化、规模化的畜禽养殖场和养殖区，不适用于畜禽散养户。根据养殖规模，分阶段逐步控制，鼓励种养结合和生态养殖，逐步实现全国养殖业的合理布局。

根据畜禽养殖业污染物排放的特点，标准规定的污染物控制项目包括生化指标、卫生学指标和感观指标等。为推动畜禽养殖业污染物的减量化、无害化和资源化，标准规定了废水、恶臭排放标准和废渣无害化环境标准（表 2-7～表 2-11）。

表 2-7　集约化畜禽养殖业水冲工艺最高允许排水量

种类	猪 [米³/（百头·天）]		鸡 [米³/（千只·天）]		牛 [米³/（百头·天）]	
季节	冬季	夏季	冬季	夏季	冬季	夏季
标准值	2.5	3.5	0.8	1.2	20	30

注：废水最高允许排放量的单位中，百头、千只均指存栏数。春、秋季废水最高允许排放量按冬、夏两季的平均值计算。

表 2-8 集约化畜禽养殖业干清粪工艺最高允许排水量

种类	猪 [米³/（百头·天）]		鸡 [米³/（千只·天）]		牛 [米³/（百头·天）]	
季节	冬季	夏季	冬季	夏季	冬季	夏季
标准值	1.2	1.8	0.5	0.7	17	20

注：废水最高允许排放量的单位中，百头、千只均指存栏数。春、秋季废水最高允许排放量按冬、夏两季的平均值计算。

表 2-9 集约化畜禽养殖业水污染物最高允许日均排放浓度

控制项目	五日生化需氧量（毫克/升）	化学需氧量（毫克/升）	悬浮物（毫克/升）	氨氮（毫克/升）	总磷（以 P 计）（毫克/升）	粪大肠菌群数（个/升）	蛔虫卵（个/升）
标准值	150	400	200	80	8.0	1 000	2.0

表 2-10 畜禽养殖业废渣无害化环境标准

控制项目	指标
蛔虫卵	死亡率≥95%
粪大肠菌群数	≤10^5个/千克

表 2-11 集约化畜禽养殖业恶臭污染物排放标准

控制项目	标准值
臭气浓度（无量纲）	70

四、排污许可证核发规范

为完善排污许可技术支撑体系，指导和规范畜禽养殖行业排污单位排污许可证申请与核发工作，生态环境部发布了《排污许可证申请与核发技术规范 畜禽养殖行业》（HJ 1029—2019）。本标准规定了畜禽养殖业排污单位排污许可证申请与核发的基本情况填报要求、许可排放限值确定、实际排放量核算和合规判定的方法，以及自行监测、环境管理台账与排污许可证执行报告等环境管理要求，提出了畜禽养殖行业污染防治可行技术要求。其中，畜禽养殖行业排污单位单位畜禽基准排水量推荐取值和单位畜禽总氮排放量推荐取值如表 2-12 和表 2-13 所示。

表 2-12　畜禽养殖行业排污单位单位畜禽基准排水量推荐取值

种类	猪 ［米³/（百头·天）］	鸡 ［米³/（千只·天）］	牛 ［米³/（百头·天）］
基准排水量取值	1.5	0.6	18.5

注：百头、千只均指存栏数。

表 2-13　畜禽养殖行业排污单位单位畜禽总氮排放量推荐取值

种类	生猪 （千克/头）	肉牛 （千克/头）	奶牛 （千克/头）	蛋鸡 （千克/只）	肉鸡 （千克/只）
排放量限值	0.92	6.75	9.24	0.03	0.02

注：头、只均指存栏数。

2018 年 1 月 10 日公布的《排污许可管理办法（试行）》规范了排污许可的申请与核发条件，要求排污单位应当在全国排污许可证管理信息平台上填报并提交排污许可证申请，同时向核发环保部门提交通过全国排污许可证管理信息平台印制的书面申请材料。各省级环境保护主管部门负责本行政区域排污许可制度的组织实施和监督。排污单位生产经营场所所在地设区的市级环境保护主管部门负责排污许可证核发。

五、渔业水质标准

为贯彻执行《中华人民共和国环境保护法》《中华人民共和国水污染防治法》《中华人民共和国海洋环境保护法》《中华人民共和国渔业法》，防止和控制渔业水域水质污染，保证鱼、贝、藻类正常生长、繁殖和水产品的质量，国家环境保护局发布了《渔业水质标准》（GB 11607—1989）。

本标准适用于鱼虾类的产卵场、索饵场、越冬场、洄游通道和水产增养殖区等海、淡水的渔业水域（表 2-14）。

表 2-14　渔业水质标准

项目序号	项　目	标准值
1	色、臭、味	不得使鱼、虾、贝、藻类带有异色、异臭、异味
2	漂浮物质	水面不得出现明显油膜或浮沫

（续）

项目序号	项 目	标准值
3	悬浮物质	人为增加的量不得超过 10 毫克/升，而且悬浮物质沉积于底部后，不得对鱼、虾、贝类产生有害的影响
4	pH	淡水 6.5～8.5，海水 7.0～8.5
5	溶解氧	连续 24 小时中，16 小时以上必须大于 5 毫克/升，其余任何时候不得低于 3 毫克/升，对于鲑科鱼类栖息水域冰封期其余任何时候不得低于 4 毫克/升
6	生化需氧量（5 天、20℃）	不超过 5 毫克/升，冰封期不超过 3 毫克/升
7	总大肠菌群	不超过 5 000 个/升（贝类养殖水质不超过 500 个/升）
8	汞	≤0.000 5 毫克/升
9	镉	≤0.005 毫克/升
10	铅	≤0.05 毫克/升
11	铬	≤0.1 毫克/升
12	铜	≤0.01 毫克/升
13	锌	≤0.1 毫克/升
14	镍	≤0.05 毫克/升
15	砷	≤0.05 毫克/升
16	氰化物	≤0.005 毫克/升
17	硫化物	≤0.2 毫克/升
18	氟化物（以 F⁻ 计）	≤1 毫克/升
19	非离子氨	≤0.02 毫克/升
20	凯氏氮	≤0.05 毫克/升
21	挥发性酚	≤0.005 毫克/升
22	黄磷	≤0.001 毫克/升
23	石油类	≤0.05 毫克/升
24	丙烯腈	≤0.5 毫克/升
25	丙烯醛	≤0.02 毫克/升
26	六六六（丙体）	≤0.002 毫克/升
27	滴滴涕	≤0.001 毫克/升
28	马拉硫磷	≤0.005 毫克/升
29	五氯酚钠	≤0.01 毫克/升

（续）

项目序号	项 目	标准值
30	乐果	≤0.1毫克/升
31	甲胺磷	≤1毫克/升
32	甲基对硫磷	≤0.000 5毫克/升
33	呋喃丹	≤0.01毫克/升

各项标准数值系指单项测定最高允许值。任何企、事业单位和个体经营者排放的工业废水、生活污水和有害废弃物，必须采取有效措施，保证最近渔业水域的水质符合本标准。未经处理的工业废水、生活污水和有害废弃物严禁直接排入鱼、虾类的产卵场、索饵场、越冬场和鱼、虾、贝、藻类的养殖场及珍贵水生动物保护区。严禁向渔业水域排放含病原体的污水；如需排放此类污水，必须经过处理和严格消毒。

综上所述，实行循环农业的发展思路，严格执行农业农村污染排放标准，传统农业不仅能提质增效，还能节约资源，控制污染，确保农产品质量安全，实现人与自然的可持续发展。反之，农业生产发展必然遭受面源污染，农产品质量安全得不到保障，人们的生产生活及生命安全将会面临生态环境破坏和农产品质量安全问题的严重挑战。

（谢可军　李冀　邬畏）

Chapter 3

关键技术

　　循环农业的关键技术之一就是要把上一级生产过程生产的废弃物作为下一级生产的原材料循环利用起来，将废弃物中的能量和物质转换成新的产品，一方面充分利用资源开发新的产品，满足新的需要；另一方面，尽量减少污染源，确保生态环境质量。在传统农业和现代农业交替发展的过程中，广大农民和农业科技人员充分发挥其聪明才智，摸索总结了不少高效、低耗、持久的循环模式。

第一节│农村废弃物概述

我国的固体废弃物产生量较多，据估计全国每年由各类经济活动和生活等产生的固体废弃物近 $1.2×10^{10}$ 吨，其中农村废弃物的年产生量超过 $5.3×10^{9}$ 吨（呼和涛力等，2017）。大量的农村生活垃圾无序堆放、农业废弃物和林业剩余物就地焚烧以及畜禽粪便随意排放，造成了严重的大气污染和水土污染，严重影响了农业生态和人居环境，同时对资源造成了极大的浪费。如果按照减量化、再利用、资源化的原则，加快建立循环型农业体系，对农村废弃物进行分类资源化利用，提高资源利用效率，能带来较好的环境、经济和社会效益。

一、废弃物的分类

农村废弃物按照其来源主要分为四类：农村生活垃圾、农业废弃物、林业废弃物、畜禽粪便。

农村生活垃圾：厨余垃圾、生活污水、人粪尿、废旧塑料、废纸和灰渣等。

农业废弃物：农作物秸秆、废弃农膜、农药包装物和农产品加工剩余物等。

林业废弃物：森林采伐、木材加工剩余物和育林剪枝等。

畜禽粪便：猪、牛、羊、鸡、鸭等畜禽排泄的粪、尿及其与垫料的混合物。

农村废弃物对环境的影响及危害主要有秸秆焚烧、畜禽粪便随意排放及农村生活垃圾的乱堆乱放等。秸秆焚烧行为在我国每年秋冬季交替时节尤为突出，已成为"雾霾元凶"之一，并且屡禁不止；畜禽粪便的污染会导致水质恶化，湖泊水库出现富营养化，土壤重金属严重集聚超标、出现板结盐碱化，畜禽病原微生物和寄生虫病严重威胁人类健康；农村的生活垃圾由于缺乏专门有效的垃圾处理设施和运行管理机制，多被随意堆放、

就地焚烧，多数农村生活垃圾问题仍未能够得到有效解决。随着农村生活水平的提高，食品袋、塑料袋、农膜、化肥袋等不可降解的物质逐步累积，对农村生态环境造成了严重威胁。

二、废弃物的分布

农村废弃物的产生量还没有实际统计数据，通常是根据各类废弃物的排放特性估算获得。农村生活垃圾根据农村人口与人均排放量估计，农业废弃物根据农产品产量与草谷比估计，林业废弃物根据国家批准的采伐限额估计，畜禽粪便根据畜禽存栏量与日排粪便量估计。有关结果表明，1995—2015 年，我国农村生活垃圾年产生量从 1.35×10^8 吨减少到 0.95×10^8 吨左右，按热值 4 000 千焦/千克估算，2015 年的资源量约为 1.3×10^7 吨标煤。随着我国农业生产水平的提高，农作物秸秆总产量呈增长趋势，2015 年全国各类农业废弃物产生量达到 9.94×10^8 吨，其中大宗作物秸秆，如玉米、水稻和小麦等粮食作物的秸秆占 73.2%，属我国主要作物秸秆类型，按各类作物秸秆热值折算标准煤，2015 年总量约为 4.74×10^8 吨标煤。林业废弃物 1995—2015 年基本保持稳定，采伐、加工剩余物合计为 $0.72 \times 10^8 \sim 0.86 \times 10^8$ 吨，每年产生薪柴 0.5×10^8 吨左右，2015 年的产生量为 1.38×10^8 吨，折合 7.88×10^7 吨标煤。2015 年畜禽粪便排放量达到 4.1×10^9 吨，折合 4.21×10^8 吨标煤，其中猪、牛、羊和家禽分别占 43.6%、41.0%、6.6% 和 6.8%。综合上述，2015 年我国农村产生废弃物总量达 5.33×10^9 吨，折合 9.87×10^8 吨标煤（图 3-1）。

从地区分布来看，2015 年农村废弃物总产生量最多的省份为河南和四川，分别达到 4.51×10^8 吨和 4.38×10^9 吨。四类农村废弃物产生量多的省份及 2015 年产生量：农村生活垃圾产生量多的为广东省，达到 7.27×10^6 吨；农业废弃物产生量多的为河南省和黑龙江省，分别达到 8.61×10^7 吨和 8.55×10^7 吨；林业废弃物产生量多的为云南省和广西壮族自治区，分别达到 1.56×10^7 吨和 1.37×10^7 吨；畜禽粪便产生量多的为四川省和河南省，分别达到 3.76×10^8 吨和 3.56×10^8 吨（图 3-1）。

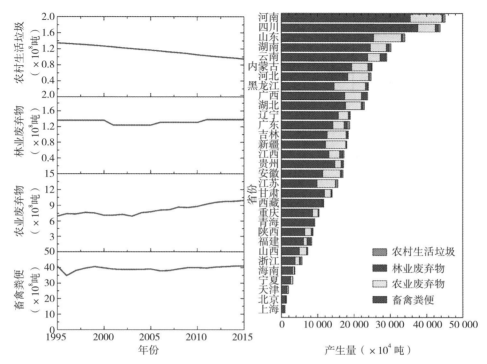

图 3-1　我国四类农村废弃物产生量（左）及地区分布特征（右）
（引自呼和涛力等，2017）

三、废弃物的处置

农村生活垃圾可分为干垃圾和湿垃圾（有机成分）两大类，这种分类方式也有助于提升公众参与垃圾分类的积极性。据调查，在政府或村委提供分类垃圾桶的前提下，浙江省桐庐县横村镇阳山畈村 98.9% 的人愿意开展垃圾分类收集（陈永根等，2015）。同时，加强宣传和培训等措施也有利于提高村民正确分类意识。分类收集之后有机成分，可与农林业中产生的有机废弃物（如秸秆、谷壳、菌渣、畜禽粪便、木屑、枯枝落叶等）一并采用就地资源化堆肥方式进行处置，产生的有机肥可就地在农田或果园中使用。据阳山畈村调查，94.6% 的人愿意接受废弃物资源化产生的有机肥料。对于资源化堆肥处理后过筛的筛上物和其他固体废弃物（干垃圾），可采用"村收—镇运—县（市）处理"的模式，一并运输至县城焚

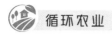

烧（填埋）处置（图 3-2）。

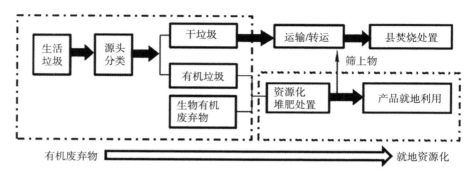

图 3-2　农村废弃物资源化管理模式
（引自陈永根等，2015）

第二节 农作物秸秆综合利用

农作物秸秆在循环农业系统中是一种宝贵的生物质资源，农作物秸秆资源的综合利用对于促进农民增收、环境保护和资源节约以及循环农业经济可持续发展具有重大意义。目前，我国秸秆主要用于直接燃烧或焚烧废弃，秸秆利用率较低，资源浪费严重，有可能破坏生态平衡，还可能严重影响飞机的正常起降或造成汽车行驶安全性等问题，并频繁导致火灾事故，已引起了政府的高度重视。国务院办公厅下发了《关于加快推进农作物秸秆综合利用的意见》，国家发展和改革委员会、农业部联合下发了《关于印发编制秸秆综合利用规划的指导意见的通知》。本节着重讲解农作物秸秆直接还田、肥料化、饲料化、生物炭、食用菌基质及秸秆的其他用途。

一、秸秆直接还田

作物秸秆是循环农业的重要肥料来源。秸秆以直接还田的方式可将氮、磷、钾及微量元素归还土壤，供农作物吸收利用。秸秆还田可补充和平衡土壤养分，能有效增加土壤有机质含量，是改良土壤结构的有效方法之一，也是高产田建设的重要举措（陈玉华等，2018）。秸秆还田不仅有利于农作物增产增收，而且有利于培肥地力、净化农村环境，具有良好的生态效应。

秸秆粉碎还田机集粉碎灭茬与旋耕作业功能于一体，该方式对于改善土壤的团粒结构和理化性能，加速秸秆在土壤中的腐解，提高土壤肥力具有促进作用。秸秆直接还田既快捷又省工。目前，已开发应用和正在开发的联合作业机模式：秸秆还田＋旋耕、秸秆粉碎＋根茬破茬机、联合收获机＋切碎还田装置、秸秆还田＋深松等。

1. 秸秆粉碎掩埋复式作业机

江苏大学毛罕平等以粉碎刀辊、旋耕覆盖工作部件及两个部件的耦合

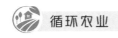

试验研究为基础，在得到了合理工作参数后，研制出了一种新型的秸秆粉碎掩埋复式作业机（图3-3）。该复式作业机由卧式甩刀粉碎部件、潜土逆转旋耕覆盖部件、开道犁三部分组成，有以下特点：①一机多用，所研制的机具能同时进行秸秆粉碎、根茬破碎、耕翻覆盖。②机具覆盖部件可一次作业达到耕作要求，即耕后地表在0～7厘米范围内是细土层，土壤上细下粗，秸秆被掩埋入土，后续作业只需稍加平整，即可播种。该复式作业机能完成秸秆粉碎、除茬、旋耕覆盖、碎土等多道工序，工效较普通秸秆还田机提高1倍，机械投资少，生产成本低。

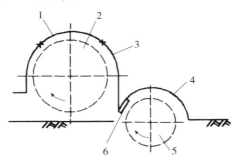

图3-3　JHF-130秸秆粉碎掩埋复式作业机示意图
1. 活动罩壳　2. 粉碎刀辊　3. 粉碎部件罩壳
4. 旋耕部件罩壳　5. 旋耕刀辊　6. 定刀
（引自戴飞等，2011）

2. 秸秆-根茬粉碎还田联合作业机

将秸秆与根茬粉碎还田联合处理是农业生产提出的新农艺要求。为了保证播种作业顺利进行，以及作物秸秆、根茬能够自然腐烂，农艺上要求粉碎后长度小于或等于10厘米的秸秆应在85％以上。为此，吉林大学贾洪雷等根据当前在农业生产中广泛使用的秸秆粉碎还田机和碎茬机，设计了一种秸秆-根茬粉碎还田联合作业机（图3-4）。该联合作业机采用秸秆粉碎还田机与碎茬机合二为一的结构，前后两个机架分别安装还田刀辊和碎茬刀辊，机架之间用螺栓固定联结，拖拉机的动力经万向节传入变速箱，换向后经胶带分别带动两个刀辊工作。

因该机采用了分置式结构，既可联合作业，又可通过简单的拆分和少量改装，分解成独立的秸秆粉碎还田机和碎茬机，与拖拉机配套，单独完成秸秆粉碎还田作业和碎茬作业，做到了一机三用。该联合作业机碎茬刀

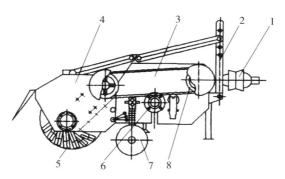

图 3-4　秸秆-根茬粉碎还田联合作业机结构示意图
1. 带轮　2. 地轮　3. 还田刀辊　4. 碎茬刀辊
5. 碎茬机架　6. 还田机架　7. 悬挂机　8. 万向节
（引自戴飞等，2011）

辊、刀片部件与耕整联合机通用，不仅可以在平作地作业，而且可满足垄作地的特殊农艺要求，适用范围广，通用性好。

3. 秸秆梳压耕翻复式作业机

随着秸秆整株深埋还田技术的需求，河北省农业机械化研究所研制出了与该项农艺技术相结合的秸秆梳压耕翻复式作业机（图3-5）。该复式作业机组由与四轮拖拉机配套的1LF230覆盖型深耕犁和秸秆定向压倒扶顺装置组成。作业机组一次进地可同时完成秸秆定向压倒扶顺和整株深埋还田两项作业。试验结果表明，经该秸秆还田联合机作业后，作业地秸秆一年的腐解率可达90%以上，土壤有机质年均增加0.11%。整株还田耕深20厘米，在土壤8厘米深度以下秸秆覆盖率达95%以上，能够保证冬小麦播种质量，产量提高3.8%。秸秆梳压耕翻复式作业机具有省工、省力、节能、增产、增收的良好效果。

4. 船式旋耕埋草机

针对我国南方多熟制稻作区秸秆难以用人畜力及常规机械埋覆还田的生产实际，华中农业大学许绮川等以船式拖拉机（机耕船）为动力机，设计了1GMC-70型船式旋耕埋草机（图3-6）。船式旋耕埋草机主要由船体、发动机、行走叶轮、传动系统、悬挂提升装置、刀辊、罩壳等组成。发动机通过传动系统带动行走叶轮回转；接合位于船尾主轴上的离合器，中间链传动将动力传递给侧边传动箱，使悬挂于船体后部的刀辊回转。当

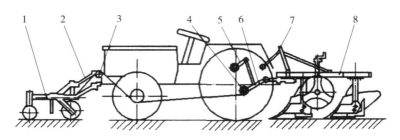

图 3-5　玉米秸秆梳压耕翻复式作业机示意图

1. 秸秆梳压装置　2. 平行四杆机构　3. 前滑轮　4. 后滑轮　5. 提升臂

6. 下拉杆　7. 上拉杆　8.1LF230 覆盖型深耕犁

（引自戴飞等，2011）

船体前进时，船底板将残留于田间的秸秆沿前进方向推倒压伏。船尾刀辊回转，刀辊对土壤和秸秆进行适度切割、糅合、翻覆，实现秸秆埋覆还田。置于刀辊罩壳尾部的拖板，在张紧弹簧的作用下，对耕后地表进行拖压、整平。该机集压秆、旋耕、埋秆、碎土、平地功能于一体，可将一定高度的稻秆、麦秆、油菜秆、绿肥、杂草等一次性直接埋覆还田，广泛适用于收获后残留高茬的水田旋耕埋秆作业。

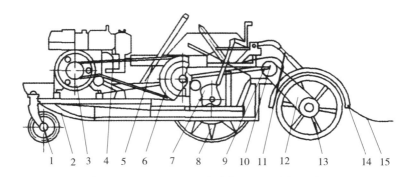

图 3-6　1GMC-70 型船式旋耕埋草机结构示意图

1. 行走导向轮　2. 船体　3. 发动机　4. 胶带　5. 操纵杆　6. 从动带轮

7. 中间链传动　8. 行走叶轮　9. 离合手柄　10. 主轴　11. 悬挂提升装置

12. 侧边转动箱　13. 刀辊　14. 机壳　15. 拖板

（引自戴飞等，2011）

试验表明，该船式旋耕埋草机平均耕深为 117 毫米，秸秆覆盖率 95.6%，生产率 0.13～0.17 公顷/时，适用于泥脚深度 350 毫米以下、秸秆高度 700 毫米以下的水田耕整作业要求。

5. 稻麦联合收获开沟埋草多功能一体机

针对我国稻麦两熟地区的墒沟埋草处理田间秸秆法，南京农业大学丁为民等设计了一种集稻麦收获、开沟、埋草等功能于一体的复式作业机械（图3-7）。该机采用联合作业方式，一次作业可完成联合收获、开沟、埋草等作业。稻麦联合收获开沟埋草多功能一体机主要由割台、输送槽、脱粒清选装置、履带行走装置及开沟、导草装置等组成。作业时，收获部件一边收割、脱粒，一边完成秸秆的向后输送，并将秸秆从出草口经导草装置排出；与此同时，开沟装置对收获后的土壤进行开沟，墒沟的位置与导草装置对齐，使排草口排出的秸秆落入沟内，达到机械化墒沟埋草的目的。两沟之间的田面可种植下茬作物，待下茬作物收获时，重复上述作业工序，开沟位置按一定规律排列。这样经过几年，整个田间被开沟、埋草一遍，相当于进行了一次机械耕翻，达到秸秆还田与少耕、轮耕结合的作业效果。

田间试验表明，该机传动合理、工作可靠、开沟作业质量稳定，梯形沟上、下口宽分别约为220毫米和160毫米，平均深度为193毫米，满足农艺埋草、排水的要求。多功能一体机是在现有的全喂入式联合收获机上加装开沟导（埋）草装置，在联合收获的同时，完成机械化墒沟埋草。无论是联合收获，还是开沟埋草，都具有成熟的技术，因此本机设计的关键是集成配套，将各部分成熟的技术和工作部件集成、组合起来，使联合收获与开沟作业动力匹配、速度同步、动作协调平衡，不相互干涉和影响。

6. 快速腐熟秸秆还田联合作业机

针对传统还田机作业后秸秆腐熟慢的问题，采用腐熟剂喷施与机械粉碎相结合的还田原理，设计了快速腐熟秸秆还田联合作业机。腐熟剂可采用泰谷生物秸秆腐熟剂（粉剂），有效活菌≥0.5亿/克；也可采用广东佛山金葵子植物营养有限公司生产的腐秆剂，该腐秆剂适合水稻、小麦、油菜、玉米、高粱等农作物秸秆。该作业机主要由腐熟剂喷施系统、秸秆粉碎系统两大部分组成（图3-8）。腐熟剂喷施系统采用前置安装方式，主要由药箱、自吸泵、喷药管道、喷头、逆止回流阀、喷杆和调节阀等组成，系统动力由飞轮通过胶带与泵轮连接输入。秸秆粉碎系统由秸秆还田机组成，采用后置安装方式，与拖拉机三点悬挂机构相连接，由拖拉机动力输

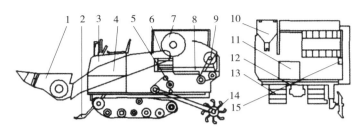

图 3-7　稻麦联合收获开沟埋草多功能一体机结构示意图

1. 割台　2. 二次切割器　3. 操作台　4. 输送槽　5. 清选风扇　6. 凹板筛

7. 脱粒滚筒　8. 清选筛　9. 后风机　10. 粮箱　11. 发动机

12. 变速器总成　13. 履带行走装置　14. 开沟总成　15. 排草口

（引自戴飞等，2011）

出轴驱动。根据不同的秸秆及作业要求，可更换不同类型刀具。

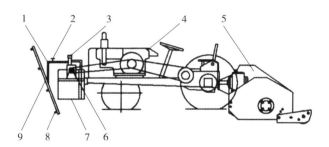

图 3-8　快速腐熟秸秆还田联合作业机结构示意图

1. 喷药管道　2. 调节阀　3. 逆止回流阀　4. 拖拉机

5. 秸秆还田机　6. 自吸泵　7. 药箱　8. 喷头　9. 喷杆

（引自戴飞等，2011）

　　该联合作业机在田间作业时，打开调节阀，腐熟剂喷施系统开始工作，装在药箱里的腐熟剂（通常为微生物制剂）在自吸泵的作用下由喷头喷洒至留茬秸秆上，随后秸秆粉碎系统对喷施了腐熟剂的谷物秸秆进行粉碎还田，完成联合作业。腐熟剂喷施与机械粉碎两者优势互补，达到快速腐熟还田的目的。两种作业方式还可根据田间作业需要自由切换，进行喷药或秸秆粉碎单独作业。

　　经田间试验表明，秸秆粉碎与喷施腐熟剂相结合的作业方式能更好地促进秸秆的快速腐熟，7 个月后秸秆还田的腐熟率为 97.2%，比单一机械粉碎方式高 17.1%。能够更好地促进作物生长，腐熟还田后的地块小麦出苗率及后期长势良好，产量比单一机械粉碎方式高 16.5%。

该联合作业机与前面的研发作业机相比结构简单，是在已有的普通秸秆还田机具的基础上进行改进，成本低，秸秆腐熟还田快，便于机具推广；且该作业机整机尺寸较小，适宜于较小面积的耕地作业，符合我国农村农田作业的实际需求。

7. 秸秆还田联合作业机存在的问题和发展方向

秸秆还田联合作业机存在一些问题：一是联合机组配套动力大。多功能大型秸秆还田联合作业机具是农业机械化发展的必然趋势，但机组动力需求大且一次性投入成本高，这样显著增加了农民的负担，在一定程度上影响了农业机械的推广与发展。二是作业机秸秆还田效率低，耽误农时。目前，已有的秸秆还田联合作业机虽在秸秆的粉碎、翻埋等作业中均符合农艺要求，但作物秸秆腐熟还田效率低，影响农时，限制了人们对机械化秸秆还田技术及其配套机具的应用研究。三是机具繁杂。目前，所拥有的秸秆还田联合作业机的开发虽种类、数量众多，但基本上仅限于机械机构上的改进，性能高的机具较少，以降低功耗、提高作物秸秆腐熟还田效率的联合作业机研究相对较少。

随着现代农业的不断发展，联合收割机附带秸秆切碎装置能使作物收获和秸秆还田有机结合，使作业成本下降，且灵活方便，适宜于大面积耕地作业，是最有前途的秸秆还田发展方向之一。国内许多企业都在积极开发生产，如已生产出配套新疆-2 型联合收割机的秸秆切碎装置；另外，农艺、生物技术与农机相结合也是秸秆还田联合作业机发展的必由之路。秸秆还田机械化能够改变秸秆的物理性状，促进秸秆腐解，腐熟剂中微生物将进一步加速秸秆的腐熟，研制加快秸秆腐解速率的秸秆还田机有着重要的意义。因此，未来秸秆还田联合作业机的发展应重视农机与农艺结合研究，考虑应用生物腐熟菌剂喷施与机械化秸秆还田作业相配合发展。

二、秸秆肥料化

农作物光合作用的产物有一半以上存在于秸秆中，秸秆还富含氮、磷、钾、钙、镁和有机质等，是一种具有多用途的可再生的生物资源。秸秆肥料化生产是控制一定的条件，通过一定的技术手段，在工厂中实现秸

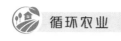

秆腐烂分解和稳定，最终将其转化为商品肥料的一种生产方式，其产品一般主要包括精制有机肥和有机-无机复混肥两种产品。

利用秸秆等农业有机原料进行肥料化生产的产品可以改善土壤环境，尤其是土壤中各种微生物的组成和数量。众所周知，土壤微生物（细菌、真菌和放线菌）通过自身的生理作用对土壤中的各种元素进行转化和利用，进而使之被植物吸收利用，因此土壤微生物的种类和数量也是评判土壤肥力的指标之一。土壤中有机质的含量和成分是影响微生物数量和种类的主要因素，在农业生产中施用适量的有机肥或者有机-无机复合肥可有效增加微生物数量和种类，并提高肥料利用率。此外，农作物产品的品质和产量也会因施用秸秆肥料化生产的有机肥或有机-无机复混肥而提高。

作物秸秆本身养分不均衡、含量偏低且不易腐熟，常常需配合养殖场产生的畜禽粪便、生活垃圾、污水处理厂产生的污泥等物料共同进行肥料化生产，且需添加一些专用的菌剂。秸秆用量要依据其他物料的养分含量、含水率等进行调节，加入经过粉碎加工的秸秆可以有效地改善发酵物料的碳氮比和含水量，从而有利于接种的菌剂发挥作用。此外，也有一些研究尝试了对秸秆直接进行堆肥化生产，但工业化生产还未见诸报道。

精制有机肥一般由农作物秸秆或禽畜粪便经腐熟、发酵、灭菌、混拌、粉碎等工艺加工而成，其原料也可为其他农业废弃物，其主要功能成分有机物的含量多在50%以上，主要用于有机食品和绿色食品生产。有机-无机复混肥则是在生产无机复混肥料过程中，加入一定量有机肥料，其产品中既含有大量元素，又含有有机质。

1. 秸秆有机肥生产的基本工艺

秸秆和畜禽粪便等混合而成的物料经过堆肥化处理以形成精制有机肥，生产过程主要包括原料粉碎混合、一次发酵、陈化（二次发酵）、粉碎和筛分包装等几个部分。精制有机肥现执行农业行业标准《有机肥料》（NY 525—2012）。

精制有机肥的生产方法主要有条垛式堆肥、槽式堆肥和反应器式堆肥等几种形式，它们各有优缺点，需要根据企业当地的具体情况加以选择，但它们的生产工艺流程大致相同（图3-9）。秸秆一般不直接作为原料进行快速堆肥，而是首先进行粉碎处理，前人的试验研究和实践结果显示秸秆粉碎到 1 厘米左右是最适合进行堆肥的。粉碎好的秸秆和畜禽粪便等其他物料进行混合，其主要目的是调节原料的碳氮比为（25～30）：1 及含水率为 50%～55%，使之适合接种菌剂中的微生物并使微生物迅速繁殖、发挥作用。据测算，一般猪粪和麦秸粉的调制比例 10：3 左右、牛粪和麦秸粉的调制比例 3：2 左右、酒糟与麦秸粉调制比例 2：1（还需要调节含水率）是较为合适的，但生产上对用料的配比需依物料实际情况再调整。

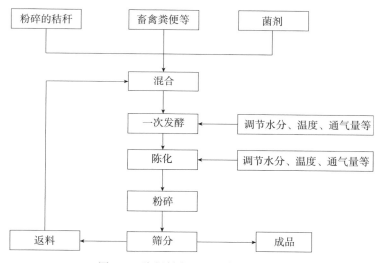

图 3-9　秸秆制有机肥生产工艺流程

2. 条垛式和槽式秸秆堆肥发酵工艺

条垛式和槽式秸秆堆肥一次发酵（历时约 10 天）是整个流程的关键所在，其成功与否直接决定产品质量的优劣。因此，需要在该过程中实时监测物料的温度、含水率、通气量等指标，以便有效控制堆肥进程和产品质量。该过程通常需要及时翻堆操作，其次数在 4～5 次。且翻堆处理要掌握"时到不等温，温到不等时"原则，即隔天翻堆时即使温度未达到限制的 65℃也要及时进行，或者只要温度达到 65℃即使时间未达到隔天的时数也要进行翻堆。

陈化过程（历时 4～5 周）主要是对一次发酵的物料进行进一步的稳定化，其间需插通气孔以满足微生物所需氧气。陈化后的物料经粉碎筛分，将合格与不合格的产品分离，前者包装出售，后者作为返料回收至一

次发酵阶段进行循环利用。该工艺由于耗时长，翻堆操作麻烦，且需要翻堆设备，消耗人力多，已慢慢被新的技术和工艺取代。

3. 快速秸秆堆肥发酵工艺

近年来，湖南碧野生物科技有限公司研制了一套秸秆快速发酵制有机肥装置，包括 YS100 专用秸秆粉碎机、ZF-10 型秸秆制肥机及配套设备。YS100 专用秸秆粉碎机可粉碎干、湿秸秆，每小时可处理鲜秸秆 2 吨以上，是秸秆预处理专用设备。秸秆和畜禽粪便混合物料在 ZF-10 型秸秆制肥机内经 70℃ 杀菌 2～4 小时，第一次发酵温度为 60℃、发酵时间短仅为6 小时，后发酵（即成化）7 天左右，其间翻堆 2～3 次，即可得到优质有机肥，ZF-10 型秸秆制肥机生产线见图 3-10。具体操作步骤如下：

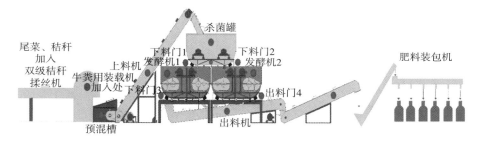

图 3-10　ZF-10 型秸秆制肥机生产线

（1）农村废弃物的收集。农村废弃物的收集应注意分类收集，以利无害化处理和肥料配方，收集距离不要超过 1 千米，降低运输成本。废弃物分为八类，并分开堆放：

第一类：尾菜、烂果、废花卉、生活有机垃圾等含水量高的鲜料类；

第二类：新鲜秸秆类；

第三类：干的秸秆类；

第四类：菌渣、酒糟、谷壳类；

第五类：绿化园林枯枝落叶、果树修剪枝丫类；

第六类：畜禽粪便、垫料类；

第七类：水体浮游废弃物类，如水葫芦、蓝藻等；

第八类：优质农家肥类，如饼肥等。

注意：物料堆放不能太高，留过道，便于检查，堆场应遮盖防雨，配备防火栓、灭火器，严防明火和堆温高发火，经常检查，专人看守。

（2）分类粉碎。

鲜料和湿料：由于物料水分高，只要用切料机切碎即可，不需进行搓丝联合粉碎，否则会造成堵料和水分渗出，导致物料营养流失和环境污染。

干料和硬料：将切料机和搓丝机联合起来粉碎，碎成丝状，以利快速发酵和肥料品相提高。

软果和嫩叶：只要直接加到制肥机里，无须粉碎。

（3）原料配制。根据农村废弃物的物理特性、碳氮等养分和水分含量等进行配料，配料原则如下：

干配湿（秸秆＋牛粪）：一般采用秸秆 30%、牛粪 65%、其他 5%。

低配高（残体＋饼肥）：养分含量低的物料，应配养分含量高的物料，如配些饼肥，提高肥料的品质。

软配硬（尾菜＋秸秆）：嫩、软物料应配纤维含量高的物料，有利于机器搅拌均匀，如尾菜配秸秆。

冷配热（鲜料＋菌渣）：冷性物料应配热性物料，有利于加速发酵，如秸秆应配粪类等热性物料。

总之，配方后水分含量应为 55%～65%，混合料碳氮比应为 25：1。

（4）杀菌。将机体内所有配料完成后，启动运行加热程序，进行杀菌，杀菌时间为 2 小时，但料温必须达到 70℃以上。

（5）快速发酵。杀菌完成后系统自动打开进料门搅拌降温发酵，发酵时间为 6～21 小时，发酵时间视具体物料而定，在温度降至 60～65℃时加入发酵菌组合 BY-F 和氮源营养剂 7～15 千克（氮源营养剂要分 4 次加入），检查物料水分是否合适。如果水分过高再加入适当的干料，直至物料用手捏紧能成团，但指缝中无水流出为宜。

（6）扩繁。发酵完成后系统自动打开进料门降温搅拌，待机体内物料温度降至 40℃以下时，再加入菌种 BY-U、BY-J 各一小包。扩繁运行 1 小时后进入下一个阶段。

（7）出料。扩繁完成后，整个第一次发酵工艺完成，系统运行停止，开始做好出料前的准备工作，打开出料门，启动出料和搅拌按钮，出料时记录数量。机箱内所有物料出完后，必须切断电源，由 1 人到机箱内检查是否有异物缠绕在搅拌臂上，如有应清理，清理时必须关闭总源电闸。然后打扫卫生做好保养，为下班生产做好准备。

【视频 1】
秸秆制有机肥情况

（8）后熟。肥料出料后，应堆成条垛，进行后熟，堆放处不能淋雨，并覆盖草帘或薄膜。一般后熟需 5～7 天，并翻堆 2～3 次（可用装载机转堆）；如不进行翻堆，应严格控制堆高，并加出气管，冬季气温较低时，堆高以 1.5～2 米左右为宜，夏季气温较高时，堆高以 1 米左右为宜，并加盖薄膜或草帘。当肥堆中心温度降至 40℃ 左右、堆中菌丝长满、水分为 30％ 以下、有曲香味和微酸味时，即为优质有机肥料，即可粉碎、过筛、包装。

三、秸秆饲料化

在秸秆综合利用中，秸秆饲料化是秸秆利用的一种有效途径，秸秆被动物吸收的养分则转化为肉和奶等，同时产生的动物粪便可用于有机肥生产，既提高经济效益，又实现资源循环。秸秆饲料利用中，可以将秸秆直接饲喂牛、羊等植食动物，也可对秸秆进行青贮，有利于秸秆的周年利用，并提供秸秆饲料的营养价值。

在饲料化利用的各种处理方式中，青贮是秸秆饲料化中最经济和实用的一种方式。青贮饲料是用新鲜的青绿饲草在厌氧条件下由乳酸菌经较长时间发酵制成的一种颜色黄绿、气味酸香、柔软多汁、适口性好、消化率较高的饲料，其能为反刍动物在冬春季提供优质的粗饲料。青贮饲料的原料主要有玉米和牧草等，我国每年产生的农作物秸秆总量约占全球秸秆总量的 20％。其中，玉米秸秆资源量最大，约为 $2.43×10^9$ 吨，占秸秆可收集资源量的 34.7％。本书主要介绍玉米青贮饲料。

1. 玉米秸秆青贮收获时间

青贮饲料发酵效果与青贮原料收获时间密切相关，青贮玉米的收获期对青贮饲料的营养价值、蛋白质利用率、消化率和潜在采食量等的影响最大。有研究表明，蜡熟期玉米青贮的粗蛋白质、粗脂肪、无氮浸出物和干物质的含量明显高于乳熟期。不同收获期玉米青贮对奶牛的营养价值研究结果也表明，蜡熟期玉米青贮优于乳熟期，乳熟期玉米青贮优于乳熟前期。通过收获时间对玉米秸秆青贮影响的试验和动物生产试验结果分析，确定玉米秸秆青贮的最佳收获时间是蜡熟期。对于既收获籽粒又将秸秆进行青贮的玉米，可在蜡熟末期或完熟初期收获。

2. 玉米秸秆青贮前处理

为提高玉米青贮饲料的品质和营养价值，青贮前主要开展铡切、揉搓和汽爆等处理。已有研究结果表明，玉米秸秆揉丝加工和 1.5 厘米切割长度可使青贮物料的压实程度得以提高，物料中空气残留有所减少，有氧发酵时间有所缩短，青贮品质得到提高。对玉米秸秆进行低强度汽爆（0.6～1.4 兆帕，5 分钟）处理，然后进行青贮处理时，低强度汽爆可有效地增加玉米秸秆中的可溶性糖含量，部分木质素和半纤维素被降解，秸秆的饲用效果得到提高。

3. 玉米秸秆青贮方式

根据青贮设施的不同，可将秸秆的青贮方式分为地上堆贮法、窖内青贮法、水泥池青贮法和土窖青贮法等。在生产中，较常用的是窖贮、裹包青贮和袋装青贮，现将这 3 种青贮方式进行简单介绍。

（1）窖贮。窖贮具有操作简单、成本低、容量大和使用方便等特点，是当前生产中推广使用最流行的一种青贮方式，为家畜提供大量优质的青贮饲料。已有研究结果显示，玉米青贮饲料的饲料水分、粗蛋白和中性洗涤可溶物含量均较原料高；对于玉米品种，西北农林科技大学畜牧站专用玉米青贮饲料的营养价值最高，西安新天地草业公司拉丝玉米秸秆青贮饲料的营养价值其次。青贮窖中全株玉米青贮品质、化学成分含量及干物质消化率同时也明显受青贮窖深度的影响，随着深度增加，干物质、总糖和可溶性糖类含量及干物质消化率、pH 逐渐降低，而乳酸、挥发性脂肪酸、中性洗涤纤维和酸性洗涤纤维含量则升高，但真菌、乳酸菌、粗蛋白、粗脂肪和灰分含量未受显著影响。窖贮玉米饲料的营养价值和发酵品质随着贮存时间的延长而降低，开窖后，在 50～290 天的贮存期中，玉米青贮饲料附着的霉菌数量随着贮存时间延长而迅速增加，不良发酵程度加剧，玉米青贮饲料中的黄曲霉毒素 B_1 和玉米赤霉烯酮含量呈上升趋势。

（2）裹包青贮。裹包青贮是一种利用机械设备完成秸秆或牧草青贮的

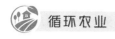

方法，其对机械设备的要求较高，主要设备包括专业拉伸膜、揉切机或玉米秸秆收获机、打捆机和裹包机。裹包青贮技术能有效地解决草食家畜青绿饲料紧缺的问题，已在一些地区和企业中进行应用，并取得良好的经济和社会效益。已有研究表明，无论是感观品质和实验室分析，还是使用效果，玉米秸秆拉伸膜裹包青贮技术都能达到理想效果，值得推广。对全株玉米贮前、青贮窖青贮和拉伸膜裹包青贮这 3 种处理的营养物质含量进行试验分析，结果表明，青贮窖青贮玉米营养物质极显著高于贮前全株玉米，拉伸膜裹包青贮玉米营养物质显著高于贮前全株玉米，表明 2 种青贮方式均可在一定程度上提高全株玉米的营养价值，并可长期贮存全株玉米。

（3）袋装青贮。袋装青贮是将收获后的玉米或牧草，用切碎机切碎或用揉搓机揉碎，然后用灌装机装入专用塑料袋，适合小规模的养殖场。对全株玉米秸秆压缩打捆袋装的青贮模式进行研究，结果表明，青贮品质达到优良级别。FP4 菌袋装青贮玉米秸与氨化麦秸饲喂育肥肉牛的比较试验，结果表明，FP4 菌袋装青贮玉米秸显著提高肉牛的日增质量和经济效益。与饲喂干玉米秸秆的肉羊相比，饲喂玉米秸秆袋装青贮饲料的肉羊采食量、日均增质量和饲料利用率均显著提高，饲喂袋装青贮饲料的经济效益极显著高于饲喂干玉米秸秆。此外，饲喂袋装青贮饲料的经济效益显著高于饲喂窖贮饲料的。

四、秸秆生物炭

近年来，利用农作物秸秆制备生物炭因其突出的效果备受关注。秸秆生物炭是利用农作物秸秆在低温限氧条件下热解产生的富碳固体。秸秆生物炭具有含碳量高、稳定性高、表面官能团丰富等特性，且孔隙发达，具有较高的比表面积和阳离子交换量，可充当吸附剂用来吸附水体和土壤中重金属和有机污染物，具有固定土壤中重金属和有机污染物的潜在能力。秸秆生物炭施入土壤对于土壤固碳、改良土壤肥力、提高土壤微生物生物量、提高土壤氮磷等养分有效性、控制农业面源污染、重金属污染土壤修复、减少温室气体（二氧化碳）的排放等方面具有重要作用。作为一种新型多功能材料，生物炭应用于水污染控制和微生物燃料电池电极等方面。

1. 秸秆生物炭的制备

热解法是利用高温在限氧条件下对秸秆进行分解，制成生物炭的方法。根据加热速率和热解时间的不同，热解反应可分为慢速热解和快速热解。慢速热解的加热速率低于1℃/秒，反应温度通常在700℃以下，反应时间长（Brown et al.，2011），秸秆生物炭主要利用这种方式制备而成。快速热解的加热速率最大可达1 000℃/秒，反应温度达到900℃，数秒之内即可完成秸秆生物炭的制备（Xiu et al.，2012），快速热解生物炭产量较低，因为秸秆内部结构在高温条件下被破坏。不同的热解条件对生物炭的性能和产率有很大影响，主要影响因素包括反应时间、反应温度、加热速率。简敏菲等（2016）以水稻秸秆为原料，在不同温度下（300～700℃）利用慢速热解法制备生物炭，当温度升高时，生物炭产率从38.2%下降到17.1%，灰分、碳含量增加，孔隙量增加，平均孔径变小。

秸秆生物炭还可以用于制备复合材料，为提高对特定污染物的吸附效果，一般在生物炭表面加入能与污染物反应的无机物，常用来与生物炭复合的材料包括纳米复合材料、锰氧化物、磁性复合材料。如利用玉米秸秆与高锰酸钾（$KMnO_4$）制备了MnO_x-生物炭复合材料，该生物炭复合材料对铜离子（Cu^{2+}）的最大吸附量达到160.3毫克/克，与单一秸秆生物炭相比，吸附能力提升了约8倍，灰分含量提升约4倍，其孔径从23.7纳米提升至92.2纳米，碳氮比从25∶1降低到1.88∶1。此外，对生物炭的表面进行化学处理，也可改善秸秆生物炭的性能。

2. 秸秆生物炭的性质

（1）元素组成。秸秆生物炭主要组成元素为碳、氧、氢等，除此之外，秸秆生物炭中还含有较高的氮、磷、钾、硫和灰分，灰分是原料热解后的残留无机固体。同种原料制备的生物炭成分主要取决于裂解温度。随着裂解的温度升高，碳、磷、钾含量及灰分含量增加，氮含量减少。碳氮比反映生物炭的稳定性，随着温度的升高，碳氮比增大，秸秆生物炭稳定性增强，不易被矿化分解，利于延长使用效果。秸秆生物炭中的元素组成一定程度上影响对污染物的去除效果，如磷含量增大，与重金属离子生成磷酸盐沉淀，增强对重金属离子的去除效率。氢碳比值降低表示生物炭的碳化和芳香性增加。

（2）比表面积。秸秆经高温处理部分有机物挥发，质量和体积减小，密度增大，表面特性和孔隙结构发生改变，具有更发达的孔隙结构和更大的比表面积，生物炭比表面积的大小是吸附能力的重要影响因素之一。秸秆生物炭的比表面积取决于秸秆的种类和裂解条件，如玉米生物炭、水稻生物炭和小麦生物炭的比表面积最大分别为 449.7 米^2/克、504.3 米^2/克和 1 279 米^2/克。

（3）化学性质。秸秆生物炭一般呈碱性，同种温度下制备的不同秸秆生物炭表面官能团种类和数量相似，主要表面官能团有羧基、羟基和羰基等，表面活性官能团是决定秸秆生物炭 pH 的主要因素。影响表面官能团的主要因素为裂解温度，随着裂解温度的升高，活性官能团的种类减少。生物炭表面的活性官能团电离产生电荷，对金属阳离子的吸附效果显著，施入土壤提升土壤阳离子交换量（CEC），高温裂解制备的秸秆生物炭活性官能团丰度低，因此施用后对土壤阳离子交换量提高较小。

3. 秸秆生物炭的应用

（1）农业应用。高温制备的生物炭性质稳定，含碳量最高达 98%，在土壤中可保留 1 600 年，将生物炭施入土壤能增加土壤碳含量，改善土壤理化性质，提高农作物产量，既能缓解温室效应，又能增加土壤肥力。生物炭施入土壤增加农作物产量主要表现为改善土壤环境和促进农作物生长，促进农作物生长的主要原因有提高农作物根茎叶营养成分的含量、提高水分利用率、降低土壤有毒物质对农作物的危害。施入生物炭可改善土壤结构和土壤持水性、调节 pH、增强土壤对养分的保持能力等，生物炭、土壤本身理化性质和施入量是影响生物炭改良土壤性质的主要原因。研究表明，玉米秸秆生物炭能改善酸性（pH<5.5）土壤，施入玉米秸秆生物炭后，土壤阳离子交换量最大值可达 124.6 厘摩/千克，随着阳离子交换量的增大，土壤 pH 增大，玉米秸秆生物炭对酸性土壤的改善效果优于氢氧化钙 [Ca（OH）$_2$] 的改善效果。还有研究表明，适量的玉米秸秆生物炭施入量（40 克/千克）能够提高玉米产量 26.1%，提高水分利用率 18%。

（2）重金属修复。秸秆生物炭具有较大的比表面积和发达的孔隙结构，溶解性低，价格低廉，具有高度芳香化的稳定结构，是优质的吸附剂。经过改性后生物炭的表面活性官能团的种类和数量增加，对水体污染物质的吸附能力加强。目前，生物炭及其改性材料被广泛应用于吸附水土污染物，如重金属离子、工业染料等。

重金属在环境中过量累积会严重威胁生物体健康和破坏生态环境。生物炭常用于吸附环境中重金属，包括三价铬离子（Cr^{3+}）、六价铬离子（Cr^{6+}）、铜离子（Cu^{2+}）、铅离子（Pb^{2+}）、汞离子（Hg^{2+}）、三价砷离子（As^{3+}）、五价砷离子（As^{5+}）等。吸附的主要机理包括静电吸附作用、离子交换作用、阳离子-π作用、表面官能团的作用和沉淀作用等。不同离子的吸附机理差别较大。溶液 pH 对秸秆生物炭吸附重金属离子的效果有显著影响，pH 增加使羧基脱质子带负电荷与带正电荷的金属有效络合，静电作用加强。有研究表明，随着溶液 pH 从 3 增加到 7，官能团的去质子化增强，玉米秸秆生物炭表面带负电荷，吸附重金属能力增强。生物炭对不同金属离子的吸附机理不同，络合作用和静电相互作用对砷的吸附起主要作用，络合作用和还原作用对铬和汞的吸附起主要作用，阳离子交换和沉淀作用对镉和铅的吸附起主要作用。还有研究表明，花生秸秆、大豆秸秆、油菜秸秆和水稻秸秆生物炭对三价铬离子（Cr^{3+}）的吸附量分别为 0.48 毫摩/千克、0.33 毫摩/千克、0.28 毫摩/千克和 0.27 毫摩/千克，而含氧官能团丰度分别为 1.34 毫摩/克、1.13 毫摩/克、0.80 毫摩/克和 0.63 毫摩/克，由此可见，活性官能团的络合作用对秸秆生物炭吸附三价铬离子（Cr^{3+}）起重要作用。

（3）有机物修复。秸秆生物炭对废水中的有机物有很好的去除效果，生物炭对有机污染物的作用机理以表面吸附（氢键、离子建、π-π作用）、分配作用和孔隙截留为主，低温生物炭对有机物主要的吸附机理为分配作用。水稻秸秆生物炭对两种有机染料亚甲基蓝和日落黄的吸附等温线研究表明符合 Freundlich 模型，动力学研究表明均符合准二级动力学模型；随着温度在 5～45℃逐渐升高，去除效率增大；但水稻秸秆生物炭对两种染料的吸附原理差别较大，生物炭对阳离子染料亚甲基蓝的吸附主要通过离子交换作用，对日落黄的去除主要是通过分子芳环之间的π-π作用。利用玉米秸秆生物炭，去除水体中的芘，表面吸附起主导作用，吸附系数 K_{Fr} 为 5.22～6.21。在 450℃制备的玉米秸秆生物炭，经磷酸盐处理之后，对

水体中杀虫剂二嗪磷的去除率达 99%，表面吸附占主导作用。

五、秸秆食用菌基质

利用秸秆栽培食用菌可有效地避免秸秆对环境的污染等问题，而且在循环模式的多级利用中能带来可观的经济和社会效益。食用菌菌丝在秸秆基质中分泌的胞外酶如漆酶、木质素过氧化物酶、锰过氧化物酶、纤维素酶、木聚糖酶等，可以降解纤维素、半纤维素和木质素，将粗纤维转化为人类可食用的优质蛋白，把大分子物质分解成为小分子物质，再参与其他合成反应。菌丝在降解基质的过程中，菌丝体自身也获得营养和能量，最后在菌丝体内合成蛋白质、脂肪和其他成分。已有研究表明，栽培凤尾菇后的稻草秸秆的粗纤维含量比接种前降低了 45.4%，粗蛋白质含量提高 31.0%~61.2%。因此，利用秸秆栽培食用菌不仅可以实现对秸秆的高效利用，而且可以发展多种循环模式。

我国人工栽培的食用菌品种已达到 40 多种，而且每种食用菌都有许多不同的品种或菌株，其中大部分的食用菌，如双孢蘑菇、草菇、平菇等，人工栽培的共同特点是以稻草、秸秆等农业废料作为培养料的碳源，畜禽粪便为氮源，通过菌丝生长、子实体发育，降解、转化秸秆，提供优质蛋白质。食用菌业的发展，使得秸秆得到了较为充分的利用。已有研究表明，用玉米秸秆为主料栽培双孢蘑菇的高产新技术，收益可达 22.5 万元/公顷以上，具有较好的社会效益和生态效益。在福建省主要利用稻草秸秆生产双孢蘑菇和姬松茸，农业增收效果明显。

当今我国对食用菌的秸秆栽培技术处于领先阶段，对食用菌栽培过程中的堆料、用水、覆土、菇房、菌种及环境等均有研究，对影响食用菌安全的危害因子分析及关键控制点等也很多研究，这些为秸秆栽培食用菌提供了理论基础。对二次发酵技术、反季节栽培技术、无公害栽培技术等先进技术相继研究成功，使秸秆栽培食用菌得以广泛推广应用。目前，秸秆栽培食用菌基质发酵处理的水平也不断提高，利用稻草秸秆三次发酵栽培双孢蘑菇也取得成果，克服了二次发酵培养料理化状态不佳和病虫害杂菌芽孢还未被彻底杀死等缺点，从而提高食用菌秸秆降解、转化效率，进一步提高了产量。

1. 秸秆食用菌循环利用模式

近年来，农业生产一般遵循循环经济的高效利用模式，不断发展多种循环模式，以实现现代农业生产物质、能量良性循环的目标。食用菌作为连接点将养殖业、种植业和加工业结合起来，形成一个高效的、无废物的生产过程，在这个生产网络中，投入的物质、能量可以在系统内实现多次循环转化，相继出现了秸秆-食用菌-有机肥模式、秸秆-食用菌-畜禽-有机肥模式、畜禽-沼气-食用菌模式、秸秆-食用菌-菌糠种菇模式等多种技术模式。这些模式的出现使农业生态系统稳步向良性循环发展。

这些循环模式以废弃菌糠的综合利用为关键环节，菌糠利用模式也日益成熟并多样化。秸秆栽培食用菌后产生的菌糠可以栽培另一种食用菌或做畜禽的饲料，尤其是留在菌糠中的前一种食用菌菌丝残体蛋白本身就可以作为后一种食用菌易于吸收的良好氮源，而畜禽粪便进一步可作为沼气的生产原料，最后以沼气的沼渣作为肥料还田，在这个链系中秸秆可以得到多次、多级的利用，不断地循环，最终实现生态农业的良性循环。菌糠种菇一般用香菇、白灵菇、金针菇、猴头菇、平菇的菌糠栽培鸡腿菇，比如用白灵菇的菌糠栽培鸡腿菇满足了多季节的栽培需要，收到良好的效益；而用灵芝菌糠栽培平菇，第一潮菇转化率可高达100%，非常值得推广。除此之外，用平菇或金针菇菌糠栽培草菇，用出菇后的香菇、平菇、金针菇等菌糠来栽培双孢蘑菇，既可及时处理污染料，减少环境污染，又可废物利用，提高经济效益。据报道菌糠也可以制作菌种，将金针菇菌糠以25%的量添加到棉籽壳中用于生产平菇菌种，菌丝生长速度比未添加菌糠的对照组增加0.06厘米/天。

2. 菌糠循环利用

秸秆在食用菌生长过程中，能量与物质得以有效利用和转移。首先食用菌将原来储存在秸秆中的能量，转移到食用菌子实体中，再由子实体转移到人体中，从而形成人们对生物能量利用的一个新层次。而对菌糠的化学成分进行分析可以发现，秸秆成分已经发生了很大的变化，其干物质约占原重的50%左右，被菌丝分解的部分，约1/3用于菌体合成、1/3用于呼吸消耗，另外1/3则以新的形式存在于菌床残渣中，即菌体蛋白。秸秆在菌丝的作用下降解了大量木质素、纤维素，而且产生价值更高的子实

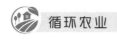

体，剩余菌糠则进入综合利用的产业链，这使得秸秆在多次、多级的利用模式中降解转化，产生更大的经济和社会效益。

菌糠可与畜禽粪便一起发酵制备有机肥，也可以先用于畜禽养殖时的垫料，然后再制备有机肥。菌糠做有机肥可以形成具有良好通气、蓄水能力的腐殖质，改善土壤肥力，减少化肥和农药的施用量，同时减少其在农产品中的残留量，为有机食品生产提供保证。

六、秸秆的其他用途

除上述 5 种作物秸秆主要利用方式外，秸秆还可用于制板材、颗粒生物质燃料、编织、工艺品、气化（田原宇等，2013）、液化（田原宇等，2014）、生物柴油等，特别是近年来中国石油大学田原宇团队在作物秸秆快速热解制腐殖酸上取得了重要突破，采用作物秸秆毫秒快速热解技术，直接杀死病原菌和害虫卵，腐殖酸收率达 50％以上，年 5 万吨秸秆加工装置总投资为 5 000 万元，年收入可达 6 200 万元。并采用利用秸秆热解生物腐殖酸组分与尿素、醇等交联聚合，创制靶向腐殖酸新材料，可精确修复土壤重金属污染和盐碱化等，而且一次施用后，长期修复。该项技术成果已申报国家发明奖。

第三节 | 畜禽粪便肥料化与处理

　　推进畜禽粪污资源化利用，是贯彻落实党的十九大重要战略部署，是践行"绿水青山就是金山银山"理念的重要举措，是破解农业农村突出环境问题、实施乡村振兴战略、建设生态文明国家的战略选择。畜禽粪便一直是我国农业生产的主要有机肥源，种养结合、用地养地农业发展模式支撑了我国几千年的农业文明史。但是，近年来随着畜牧业规模养殖的快速发展，粪便量大且集中，受季节限制、施用不便、部分重金属和抗生素含量较高等因素制约，农业生产中内部物质能量循环流动的链条中断，许多粪便资源变成了重大污染源。开展畜禽粪污资源化利用对保护生态环境、提高土壤质量和农产品品质等方面具有十分重要的意义。

一、利用模式

　　目前，畜禽养殖粪污的利用方式通常是将粪便、尿液和污水（冲栏水）等一并输入沼气池进行沼气发酵。而这种方式导致沼渣与沼液难于分离，为其后续资源化利用带来难度。近年来，中国科学院亚热带农业生态研究所吴金水团队提出了畜禽粪便资源化利用新模式和技术途径（图3-11）。该模式将畜禽粪便通过干清粪或固液分离方式分离出粪便，将畜禽粪便与谷壳、花生壳、粉碎秸秆、菌渣、竹木屑等通过连续增氧高温发酵制备有机肥。养殖场污水（尿液和冲栏水）进入沼气池进行沼气发酵，在冬季低温期可使用太阳能热水对沼气池进行加温，以便保障沼气池周年产气。沼液可用作液体有机肥用于牧草、果园等施肥。沼液也通过生物基质池消纳部分可溶性氮，生物基质池通常采用干稻草作为基质，通过稻草基质池的沼液进入多级绿狐尾藻生态湿地，绿狐尾藻生态湿地流出的水可用于水产养殖和水生植物种植，然后达标排放或循环利用。绿狐尾藻生态湿地应经常管理和进行收割，以促进其生长和对污水中氮、磷的吸收，收割

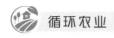

的绿狐尾藻可通过压榨脱水，再添加辅料（玉米粉等）和发酵微生物混合菌种加工成饲料，也可以将收割的绿狐尾藻用作肥料，用于果园或茶园覆盖，因为绿狐尾藻在果园或茶园中将死亡分解，从而有利于改良土壤结构，提高土壤肥力和果茶质量。

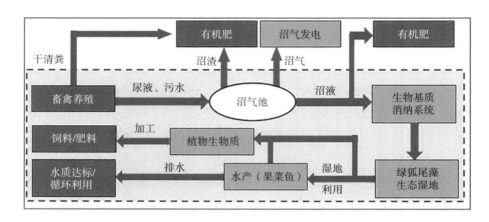

图 3-11　畜禽粪便资源化利用模式流程图

二、产污系数和允许排水量

1. 畜禽养殖产污系数

为开展第一次全国污染源普查工作，2009 年在农业部的指导下，中国农业科学院农业环境与可持续发展研究所、环境保护部南京环境科学研究所共同牵头主持，会同地方农业部门、农业和环保领域的科研单位和大学开展了畜禽养殖业源产排污系数核算，制定了《第一次全国污染源普查畜禽养殖业源产排污系数手册》。由于不同区域的畜禽养殖气候和管理方式不同，其产污系数有较大差异，因此该手册将我国养殖区划分为六个区，包括华北区、东北区、华东区、中南区、西南区和西北区，表 3-1 列出了中南区畜禽养殖产污系数估算值，可以供畜禽养殖场粪污资源化利用和处理等规划和设计提供参考。2020 年 6 月，生态环境部、国家统计局、农业农村部发布了《第二次全国污染源普查公报》。

表 3-1 中南区畜禽养殖产污系数估算

指标	生猪			奶牛		肉牛	蛋鸡		肉鸡
	保育	育肥	妊娠	育成牛	产奶牛	育肥牛	育雏育成鸡	产蛋鸡	商品肉鸡
参考重量（千克）	27	74	218	328	624	316	1.3	1.8	0.6
粪便量［千克/（头·天）］	0.61	1.18	1.68	16.61	33.01	13.87	0.12	0.12	0.06
尿液量［升/（头·天）］	1.88	3.18	5.65	11.02	17.98	9.15			
粪尿化学需氧量［克/（头·天）］	187.4	358.8	542.4	3 324.5	6 793.3	2 411.4	21.86	20.50	13.05
其中尿液化学需氧量［克/（头·天）］	30.41	46.95	50.27	227.6	370.5	138.7			
全氮［克/（头·天）］	19.83	44.73	51.15	139.8	353.4	65.93	0.96	1.16	0.71
全磷［克/（头·天）］	2.51	5.99	11.18	25.99	62.46	10.52	0.15	0.23	0.06
铜［毫克/（头·天）］	82.24	118.8	113.6	158.4	307.4	68.57	0.44	0.82	0.72
锌［毫克/（头·天）］	145.6	290.9	365.5	731.7	1 631.2	276.2	3.80	5.37	6.94

2. 畜禽养殖允许排水量

为控制畜禽养殖养殖业产生的污水、废渣和恶臭等对环境的污染，国家环境保护总局于 2001 年发布了《畜禽养殖业污染物排放标准》（GB 18596—2001），该标准主要适合集约化和规模化畜禽养殖场和养殖区，该标准根据畜禽养殖过程工艺方式不同，分别规定了集约化畜禽养殖水冲粪工艺最高允许排水量（表 2-7）和集约化畜禽养殖干清粪工艺最高允许排水量（表 2-8），为畜禽养殖场规划中沼气池和污水处理系统设计提供参考。由于该标准只规定猪、鸡、牛养殖的最高允许排水量，其他种类畜禽可采用换算比例，即：30 只蛋鸡折算成 1 头猪、60 只肉鸡折算成 1 头猪、3 只羊折算成 1 头猪、1 头奶牛折算成 10 头猪、1 头肉牛折算成 5 头猪。

但是，在 2017 年农业部区域生态循环农业项目总体方案中，其换算比例为 1 头牛相当于 10 头猪。因此，在进行不同畜禽换算是应根据具体情况进行适当调整。

三、畜禽粪便资源化利用

畜禽养殖业的快速发展，对于满足人们对肉、蛋、奶等的需求及农业经济发展具有非常重要的作用，然而畜禽养殖废弃物排放对生态环境造成了严重的污染。党中央和国家对畜禽养殖造成的环境污染给予了高度的重视，2016 年 12 月习近平总书记指出要加快推进畜禽养殖废弃物处理和资源化利用，2017 年 6 月在湖南长沙召开的全国畜禽养殖废弃物资源化利用会议上，汪洋副总理强调抓好畜禽养殖废弃物资源化利用，是事关畜产品有效供给和农村居民生产生活环境改善的重大民生工程。因此，畜禽养殖废弃物资源化利用设备和技术的研发，是解决当前畜禽养殖业快速发展中废弃物资源化利用的关键，对保障畜禽养殖业的发展和保护农业环境等具有十分重要意义。

目前，畜禽粪便肥料化方法主要包括条垛式堆肥发酵法、槽式堆肥发酵法、罐式（立式和卧式）堆肥发酵法。条垛式和槽式堆肥发酵法的优点是设备相对简单，投资较少，但其问题是发酵时 1～2 天需要翻堆 1 次，消耗人力和翻堆机设备，且发酵升温慢、高温保持时间短，最大的问题是由于大多数时间堆料处于厌氧环境中，产生严重的恶臭排放，污染有机肥厂和周边甚至几百米范围的空气。罐式堆肥发酵法的问题是设备投资多，发酵量少，发酵罐散热快，发酵增温耗能高，生产成本高，罐内通气性导致较严重的恶臭污染物排放。

近年来，中国科学院亚热带农业生态研究所研究人员建立了一种畜禽粪便连续增氧高温发酵制有机肥的方法，已申请国家发明专利（CN108424186A，CN108530114A）。该畜禽粪便连续增氧高温发酵制有机肥的设备与方法的优点是，采用德国 Composting-dove 公司生产的喷头，其喷头内部采用独特的"鹅颈式"设计，相比普通喷头，同等风量的条件下，压损可降低 30％以上，在恶劣的工况条件下，可以最大限度地避免堵塞的问题；该有机肥发酵设备设有沥出液排出阀，当有机肥发酵过程中有沥出液产生时，可以通过沥出液排出阀排出；该设备和方法由于采用连续增氧的方法进行猪粪发酵，升温快，发酵温度最高达 73℃ 以上，后期温度可达 62℃ 以上，而通常猪粪堆肥的发酵温度只有 55℃；采用连续增氧进行猪粪堆肥发酵，发酵期间没有厌氧情况发生，堆肥发酵期间没有恶臭产生，根据测定堆肥发酵场的硫化氢和氨气排放达到国家恶臭污染物排放一级标准；该设备和方法发酵有机肥为灰褐色，粉状，均匀，无臭味、略带酵母发酵香气，无机械杂质；该设备和方法成本低，操作简单，适应性广，可广泛适合我国不同气候类型的地区应用。这里主要介绍将该设备和方法。

1. 畜禽粪便连续增氧高温发酵制有机肥的设备构建

畜禽粪便连续增氧高温发酵制有机肥的设备（图 3-12），包括自动控制系统、继电器、三相异步电动机、三叶罗茨鼓风机、进口消音器、出口消音器、塑料蝶阀、PVC 钢丝螺旋增强软管、PPR 塑料管、喷头、通风槽、发酵坪、温度仪、铲车和旋耕机等组成。其连接关系：进口消音器与三叶罗茨鼓风机的进风口相连，出口消音器与三叶罗茨鼓风机的出风口相连，三相异步电动机通过皮带与三叶罗茨鼓风机相连，继电器分别与自动控制系统、三相异步电动机相连，出口消音器与第一塑料蝶阀相连，第一塑料蝶阀与 PVC 钢丝螺旋增强软管相连，PVC 钢丝螺旋增强软管与 PPR 塑料管相连，PPR 塑料管与喷头相连，PPR 塑料管与第二塑料蝶阀相连，在发酵坪下装有 PPR 塑料管，在发酵坪上开有通风槽，温度仪与自动控制系统相连，温度仪插入发酵坪上的堆料中。铲车可在发酵坪上运行，拖拉机与旋耕机连接，铲车和旋耕机用于堆肥时铲料和原料混合。

（1）PPR 塑料管布设。首先在堆肥发酵车间室内布设直径为 110 毫米的 PPR 塑料管，两排塑料管之间的距离为 1.2～1.5 米，PPR 塑料管之间采用热熔连接，在 PPR 塑料管排水出口安装塑料蝶阀（型号 D71X-10S、直径 110 毫米）。沿 PPR 塑料管每隔 1～1.2 米在 PPR 塑料管边上安装打入地面的直径为 12 毫米、长度为 20～40 厘米的钢筋，用 2 毫米的铁丝将塑料管固定在钢筋上，防止后续浇灌混凝土时 PPR 塑料管移位。

（2）喷头安装。在 PPR 塑料管上每隔 9～11 厘米处钻 1 个直径为 4 毫米的孔，在每个孔中安装一个喷头（德国 Composting-dove 公司生产，

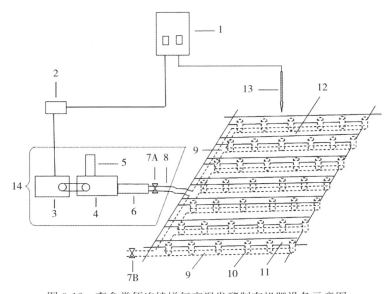

图 3-12　畜禽粪便连续增氧高温发酵制有机肥设备示意图

1. 自动控制系统　2. 继电器　3. 三相异步电动机　4. 三叶罗茨鼓风机
5. 进口消音器　6. 出口消音器　7A. 第一塑料蝶阀　7B. 第二塑料蝶阀
8. PVC 钢丝螺旋增强软管　9. PPR 塑料管　10. 喷头　11. 通风槽
12. 发酵坪　13. 温度仪　14. 通风系统

型号 COMP-D4、直径 4 毫米），沿 PPR 塑料管方向在喷头上安装厚 2～2.5 厘米、宽 3～3.5 厘米的杉木条，用 6～8 厘米长的铁钉穿过杉木条钉在 PPR 塑料管上，使杉木条压住喷头固定 PPR 塑料管上（图 3-13）。

图 3-13　PPR 塑料管和喷嘴安装

（3）浇注混凝土。在 PPR 塑料管和喷头周围浇注混凝土，混凝土的高度与杉木条同高，但不要盖过杉木条，以便于混凝土凝固后将杉木条取出。

（4）取出杉木条。浇注混凝土 10～20 天后，小心地慢慢将杉木条取出，即得到通风槽。注意在取出杉木条时不要造成喷头移位和松动。

（5）去喷头上塑料膜。清理取出杉木条后形成的通风槽，再用电烙铁将覆盖在喷头上的塑料膜熔去，这样即可得到堆肥发酵坪（图 3-14）。

图 3-14　堆肥发酵坪

（6）鼓风系统。将内径为 110 毫米或者 114 毫米的 PVC 钢丝螺旋增强软管（时代牌）的一端与 PPR 塑料管相连，另一端与第一塑料蝶阀（型号 D71X-10S、直径 110 毫米）相连，第一塑料蝶阀与出口消音器（型号 KM-125）相连，出口消音器与三叶罗茨鼓风机（型号 LSR-125、功率 7.5 千瓦、流量 12 米³/分、压力 15 千帕，山东鲁铭风机有限公司产）相连，三叶罗茨鼓风机的进风口连接进口消音器（型号 KF-125），三叶罗茨鼓风机还通过皮带与三相异步电动机（型号 YX3-132M-4、功率 7.5 千瓦、频率 50 赫兹、电压 380 伏特、转速 1 440 转/分，荣成市华宇电机有限公司产）相连（图 3-15）。

（7）自动控制系统。自动控制系统（德国 eggersmann 公司的软件）通过继电器与三相异步电动机相连，并控制三相异步电动机运行或停止，进而控制三叶罗茨鼓风机运行或停止。自动控制系统还通过导线与温度仪（北京昆仑中大传感器技术有限公司产）连接，温度仪插入发酵坪上的堆料中，在自动控制系统的显示屏中可以显示堆料的温度，从而可以根据堆料温

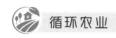

图 3-15　鼓风系统

度通过自动控制系统来设定三叶罗茨鼓风机的通风和停止时间（图 3-16）。

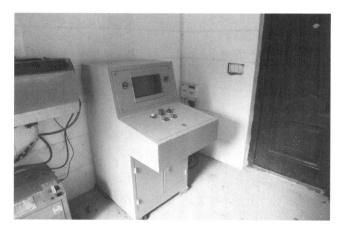

图 3-16　自动控制系统

2. 畜禽粪便连续增氧高温发酵制有机肥的方法

（1）堆肥配料及混合。制备堆肥所用的猪粪、花生壳和统糠等原料的理化特性见表 3-2。将新鲜猪粪与花生壳按 1：（1.8～2.2）（体积比）的比例混合，或者将新鲜猪粪与花生壳和统糠（或谷壳）按 2：（1.5～2.0）：（1.5～2.0）（体积比）的比例混合，先用铲车（型号鲁工 LG930，山东鲁工机械有限公司产）铺一层花生壳或统糠，再用铲

【视频 2】
牛粪与谷壳制
有机肥配料情况

车铺一层猪粪，然后再用铲车铺一层花生壳或统糠，之后用连接了旋耕机（型号 1GQN-200H，河南豪丰机械制造有限公司产）的拖拉机（型号雷沃 M1100DA1，雷沃重工股份有限公司产）将猪粪与花生壳或统糠（谷壳）混合均匀。

表 3-2 堆肥发酵原料基本理化特性

种类	容重（克/厘米³）	含水量（%）	pH	有机质（以烘干基计，%）	氮（N，以烘干基计，%）	磷（P₂O₅，以烘干基计，%）	钾（K₂O，以烘干基计，%）
猪粪	0.970	68.9	6.3	83.9	3.73	4.57	1.85
花生壳	0.214	10.5	5.9	76.9	1.45	0.33	1.37
统糠	0.421	9.1	6.5	65.5	0.64	0.19	0.25

（2）发酵。先在通风槽内填放花生壳或谷壳，使其略高于发酵坪的水泥地面，并在发酵坪内铺一层花生壳或谷壳，有利于保持喷嘴不被发酵料堵塞，同时发酵坪上铺设的花生壳或谷壳可以吸收发酵时产生的水分，再将混合好的堆肥原料用铲车铲起，轻轻地均匀堆放到上述堆肥发酵坪上，堆料高度 1.6～1.8 米。通过自动控制系统设定堆肥发酵的通风时间为 3～5 分钟，停止通风时间为 18～25 分钟，每天记录发酵料的温度，发酵第 4 天堆料温度即可到 70℃以上，此后也可以保持在 62℃以上（图 3-17），发酵至第 15～20 天，即可完成发酵，得到发酵后的有机肥。

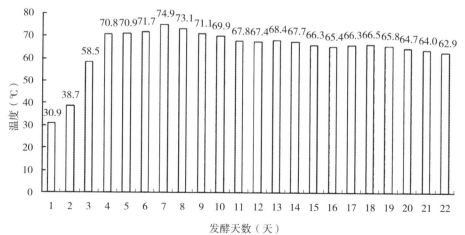

图 3-17 猪粪与花生壳连续氧增堆肥发酵温度变化

（3）翻抛、过筛、包装。将发酵后的有机肥转移到成化车间后熟，堆料高度为 20～40 厘米，可采用翻抛机（德国 eggersmann 公司产）将发酵后的有机肥每隔 1～2 天进行翻抛 1 次，使含水量降低到 30％以下，再通过过筛、包装，即可得到成品有机肥。

（4）推广应用。该技术在河南诸美种猪育种集团有限公司进行推广应用，取得显著的效果。该集团生猪养殖规模为 10 万头，采用该有机肥生产技术后，彻底解决有机肥生产场地的恶臭问题，环境质量显著提高。以猪粪与花生壳制备有机肥符合标准《有机肥料》（NY 525—2012），有机肥有机质（以烘干基计）含量为 82.4％、氮（N，以烘干基计）2.4％、磷（P_2O_5，以烘干基计）4.3％、钾（K_2O，以烘干基计）2.04％、总养分（$N+P_2O_5+K_2O$，以烘干基计）8.74％，水分含量 27.6％，酸碱度（pH）为 7.6，重金属总砷（As）为 0.78 毫克/千克、总汞（Hg）0.02 毫克/千克、总铅（Pb）3.63 毫克/千克、总镉（Cd）0.32 毫克/千克、总铬（Cr）11.6 毫克/千克；粪大肠杆菌群数＜3 个/克，蛔虫卵死亡率 100％。

更重要的是该有机肥生产工艺氨挥发损失降低到总氮的 1.9％，经第三方检测，生产场地氨气和硫化氢浓度分别控制在≤0.38 毫克/米³ 和 0.006 毫克/米³ 水平，优于《恶臭污染物排放标准》（GB 14554—1993）一级，而有机肥厂国家要求恶臭污染物排放不能超过二级标准。

四、污水处理

养殖污水经沼气池发酵后，沼气可用于发电或养殖场的能源，由于只有尿液和冲栏污水进入沼气池，沼渣很少，可以不考虑。重点是解决沼液处理问题，沼液可以做肥料用于果园和牧草地，也可采用生态湿地进行处理，使沼液净化可用于水产等养殖，然后到达排放要求排放或用于农田灌溉。这里重点介绍沼液生态湿地处理，在沼液进入生态湿地之前，先经过稻草池消纳转化部分可溶性氮磷。

1. 稻草生物学特性及作用机理

当沼液中氨态氮含量过高时，对绿狐尾藻的生长不利，应降低其氨态氮含量，解决的途径就是经过稻草池消纳转化部分可溶性氮磷。其原理是稻草有机碳含量高达 40％ 左右，而氮磷含量较低，而沼液中氮磷含量较高，当沼液进入稻草池后，由于微生物生长，同化部分可溶性氮磷，降低了沼液中的可溶性氮磷含量。此外，沼液经过稻草池时，部分氨由挥发作用而释放出来。

经过多种秸秆等材料的试验，表明采用稻草为最佳的消纳转化材料，其特点是：稻草纤维素含量高（＞98％），孔隙度大（83.5％），碳氮比高〔（60～80）：1〕。稻草中纤维素是由 D-吡喃葡萄糖酐与-1，4-苷键连接，同时，其大分子链中每个葡萄糖基环上有 2 个仲羟基和 1 个伯羟基，均为活泼的羟基。用稻草作为生物基质池的填料，既可消除废水的臭味，也可去除废水中有害、有毒物质（如黏稠物、粗脂肪、固体悬浮物、重金属、抗生素等），为下一级生态湿地的主体植物绿狐尾藻提供适宜生境条件。

稻草作用机理在于：①能提供充足碳源和微生物生长附着体，并调节环境 pH，为纤维分解菌、硝化菌和反硝化菌等功能微生物种群在污水中的生长与繁殖提供适宜条件；②促进纤维分解菌生长繁殖，纤维分解菌能促进沼液中难降解的有机残留物及有害的抗生素、激素等有机污染物的降解；③作为一种天然有机吸附剂，有效吸附和降解黏稠物、粗脂肪、固体悬浮物，对污水中多种重金属、有机污染物（如多环芳烃、杀虫剂、抗生素）等有一定的吸附和降解效果；④由于稻草碳氮比高，微生物生长繁殖，从而转化沼液中的可溶性氮磷。

以稻草作为填料的生物基质池中水体微生物总量比输入污水高 100～1 000 倍，生物基质池对输入污水的化学需氧量去除率为 40％～60％、全氮去除率 50％～70％、全磷去除率 40％～80％，比较研究表明稻草在沼液污染物净化能力方面显著优于活性炭、生物炭和锯末等材料。

2. 绿狐尾藻生物学特性及作用机理

构建生态湿地的关键植物——绿狐尾藻（*Myriophyllum elatinoides*），属小二仙草科狐尾藻属，又称绿羽毛狐尾藻，原产地为南美洲，作为景观植物引入我国已有 200 多年，系多年生沉水或浮水草本植物，下部沉于水中，上部挺出水面，根状茎匍匐于水下或淤泥中，无性繁殖（图 3-18）。主要生物特性以下：

【视频 3】
绿狐尾藻生长与
种苗繁育情况

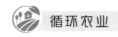

图 3-18　绿狐尾藻

（1）在水体中适宜生长的时间长。绿狐尾藻适宜生长温度在 5℃ 以上，在我国亚热带地区全年都能正常生长发育，在冬季霜冻期露出水面的植株会受到冻害，但沉于水中的植株四季常青。日最高气温高于 38℃ 时，在浅水（＜10 厘米）区绿狐尾藻的地上部分易死亡。

（2）适应于高氮磷的水体环境（氮含量 20～500 毫克/升，磷含量 0.5～50 毫克/升）。绿狐尾藻在富含氮磷的水体中生长迅速、生物量大，3 月下旬至 12 月下旬可每隔 30～40 天收割 1 次，每次可收割获鲜草 100 吨/公顷左右。

（3）对环境中氮磷的吸收能力强。绿狐尾藻植株含氮量高（27～30 克/千克，以 N 计，干重），在适宜的高氮磷湿地环境中年干草产量达 45～90 吨/公顷（年收割 9～10 次），氮磷年吸收量分别达 1～2 吨/公顷（以 N 计，约相当于 280～560 头猪的氮年排放量）和 0.18～0.3 吨/公顷（以 P 计）。

（4）营养价值高。绿狐尾藻植株粗蛋白含量 17.0％ 左右、粗纤维含量 36.9％，赖氨酸、苏氨酸、谷氨酸、天冬氨酸等氨基酸含量显著高于三叶草（一种优质牧草），富含钙、镁、锌、铁、锰等微量元素，有害物质（如重金属）积累量较低。

（5）能与水体和底栖动、植物共生。绿狐尾藻具有茎与根连通的特殊组织结构，其气腔截面比为 30.6％（图 3-19）。这种组织结构具有强大的泌氧功能［10～29 摩尔/（千克·天）］，不仅不会导致水体和底栖动、植物因缺氧而窒息死亡，反而可为其提供充足的养料和氧气。

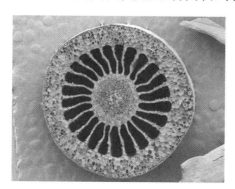

图 3-19　绿狐尾藻茎横切面气腔组织结构

（6）不耐贫瘠、不耐旱，生物入侵可能性小。绿狐尾藻在氮含量低于 3 毫克/升（以 N 计）的水中生长几乎不能正常生长，甚至萎缩，离开水体后自行死亡。

绿狐尾藻作用机理：①生长快、生物量大，通过自身植物生长吸收氮磷、消减污染，还能对重金属和有机物脱毒和降解；②通过向水体泌氧，改善和加速水体微生物硝化－反硝化过程，提升水体脱氮作用。主要微生物脱氮途径为 $NH_4^+ \rightarrow NO_3^- \rightarrow NO_2^- \rightarrow NO \rightarrow N_2O \rightarrow N_2$，或 $NH_4^+ \rightarrow NO_2^- （+NH_4^+） \rightarrow N_2$。

绿狐尾藻通过根系泌氧使污水中的溶解氧含量维持在 1～4 毫克/升范围（比输入污水高 60～100 倍），既可维持底栖动、植物和硝化微生物生活，又可保证反硝化脱氮过程正常进行。绿狐尾藻湿地对输入污水中化学需氧量、氮和磷的去除率超过 90%。在去除的氮中，绿狐尾藻通过自身生长吸收的氮素占 15%～30%，微生物脱氮占 40%～60%，还有一部分氮通过氨挥发去除或被微生物吸附固定。

3. 生态湿地工艺流程和参数

（1）生态湿地工艺流程。本工艺主体由稻草生物基质消纳系统和绿狐尾藻湿地消纳系统组成。稻草生物基质消纳系统由一个或多个用稻草作为填料的基质池组成，绿狐尾藻湿地消纳系统由多个绿狐尾藻湿地构成。

本工艺需要对畜禽养殖废水进行厌氧生物处理，以降低资源化利用风险这要求养殖企业至少具备厌氧反应池（如沼气池）预处理设施。经济条件好

的养殖企业可进一步建成栅格、沉砂池及固液分离 3 种废水预处理设施。

　　养殖废水经过厌氧反应池（如沼气池）设施预处理后，进入稻草生物基质消纳系统以消减大部分化学需氧量和氮磷，再经过绿狐尾藻生态湿地消纳吸收水体氮磷，达到废水的达标排放。另外，通过绿狐尾藻生物质循环利用（如加工成青饲料喂猪、作为有机肥料还土等）和实行湿地水产养殖（养殖草鱼、花鲢、鲫鱼等）等途径，实现废水生态治理和氮磷废弃物的资源化利用。生态湿地工艺流程见图 3-20。

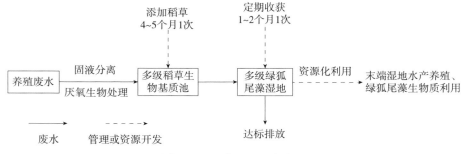

图 3-20　生态湿地工艺流程

　　（2）生态湿地工艺参数。

　　①稻草生物基质消纳系统。稻草基质池容积参数每头猪 0.1～0.5 米^3。容积参数的选择根据可用土地面积及是否有厌氧处理设施来确定。例如，可用土地充足时，参数可取高值；有厌氧处理设施时，参数可略低，总原则是保证废水在基质池内的水力停留时间为 7～10 天。基质池工程建设和空间布设要求包括：

　　根据存栏猪头数确定基质池总容积大小，保证总容积大小的基础上可以由多个池子串联，基质池深度为 70～150 厘米，养殖废水通过跌水坎由上一级基质池向下一级流动。

　　基质池墙体和底部要求具有防渗功能，墙体厚度 26～28 厘米，底部为混凝土打底，厚度 18～22 厘米。

　　基质池的形状不限，圆形、方形或不规则形皆可，可依据实际地理情况确定基质池的空间布局。

　　②绿狐尾藻湿地消纳系统。绿狐尾藻湿地面积参数每头猪 2～5 米^2，参数取值的原则是保障养殖废水在湿地系统内的水力停留时间为 60～70

天。绿狐尾藻湿地工程建设及空间布设要求包括：

湿地面积和深度：依据养殖规模确定绿狐尾藻湿地总面积，保证总面积不变的基础上可由多个绿狐尾藻湿地串联，湿地控制水深40~80厘米，若末端湿地养鱼时可深至150~200厘米。

各级湿地之间可以毗连，通过跌水坎由上一级湿地向下一级自流；也可隔开一定距离，由管道连接，上下级之间保持10~20厘米的落差，保证从上到下能够自流。

湿地的形状不限，方形、圆形或不规则形皆可，可依据实际地理情况确定基质池的空间布局。

③生态湿地系统运行与管理。在基质池建成以后，首先向其中添加稻草，一次性添加量为30~50千克/米^3，向基质池中逐渐放入经沼气厌氧发酵的废水（沼液），使其逐级向下流动（自流），保持废水（沼液）在稻草基质池中的滞留时间在7~10天，以后每4~5个月补充一次稻草。人工湿地内种植绿狐尾藻，正常运行条件下绿狐尾藻的覆盖度要达到70%以上，每1~2个月收割一次绿狐尾藻。

4. 生态湿地的优点

目前，国内规模化养殖企业常采用的末端废水处理技术，如"自然处理""好氧-自然处理"等模式，存在的问题在于：人工湿地的植物选择及好氧塘和人工湿地面积参数不确定；来自厌氧或好氧处理后有机废水浓度过高，容易危害人工湿地的植物生长；出水口废水氮磷污染物难达标。

本技术优点在于：无须机械设备投入、不耗电，工程建设投资和运行成本少；可实现出水口养殖废水污染物（化学需氧量、氨氮、总氮及总磷）达标排放；通过绿狐尾藻生物质利用和实行湿地水产养殖，实现循环。

本技术的创新点在于：发现了绿狐尾藻湿地是处理养殖污水中的化学需氧量、氮、磷等污染物，实现氮磷资源化利用的最佳生态系统，探明了绿狐尾藻湿地去除氮磷的机理；用稻草作为填料的生物基质池消除养殖废水中有害物质对绿狐尾藻生长的危害，解决了养殖废水环境下绿狐尾藻湿地不稳定的技术难题；明确了适应不同养殖规模的稻草生物基质池容积、绿狐尾藻湿地面积及水力停留时间三个关键工艺参数；开发了以绿狐尾藻青饲料加工及末端湿地水产养殖为主要模式的资源化利用技术。

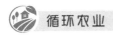

5. 生态湿地应用范例

浙江绍兴某规模化养殖场，存栏猪5万头，采用生态湿地对养殖场沼液进行处理（图3-21），2014年3月以来逐月的监测结果见图3-22。3—6月末端出水水质均值：化学需氧量43.2毫克/升（河水39.0毫克/升）、氨氮7.8毫克/升（河水12.8毫克/升）和总磷3.8毫克/升（河水2.0毫克/升）；平均消减率：95%～99%。

图3-21　浙江绍兴某规模化养殖场生态湿地

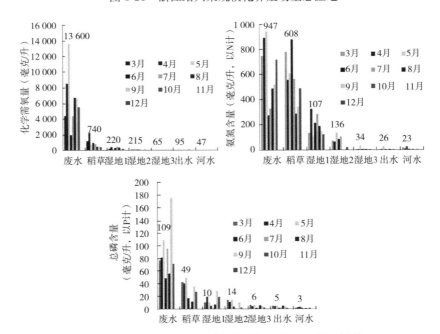

图3-22　浙江绍兴某规模化养殖场生态湿地处理效果

第四节 | 农村生活污水处理

我国农村人口基数大，近年来随着农村生活水平的提高，用水量呈递增趋势，因此污水产量也越来越多。农村地区缺乏经济设施及技术人员，约96%的农村生活污水未经处理直接排放，大部分地区水质严重恶化，使得人们的健康受到一定影响，并且对环境造成严重的影响。农村生活污水的处理方式包括人工湿地、蚯蚓生物滤池、稳定塘、土地渗滤、膜生物反应器和生物生态组合工艺等，以下主要介绍农村生活污水人工生态湿地处理技术。

一、生活污水产生和特性

农村生活污水主要包括洗衣污水、餐余污水和厕所污水，农村发展水平和收入高低影响农户的污水排放量。已有调查研究表明，宜兴市大浦镇4个农户7月生活污水排放日均排水总量为49.2升/人；对长兴县的4户高收入、8户中等收入农户和4户低收入农户按季节进行为期1年的监测，这些农户春夏秋冬四季的日均污水产生量分别为17.8升/人、64.5升/人、21.6升/人、18.2升/人，全年平均值为30.5升/人（杨晓英等，2016）。说明太湖地区农村生活污水的日产生量为17.8～64.5升/人。农村生活污水的产生量将为生活污水处理规划和设计提供参考。

大部分农村生活污水的水质变化较大，但基本上不含重金属等有害物质。任翔宇等（2012）对上海农村生活污水测定分析的水质平均值见表3-3。由此可见，厕所污水中化学需氧量（COD_{Cr}）、氨氮和总磷等污染物的含量都较高，其含量劣于《城镇污水处理厂污染物排放标准》（GB 18918—2002）中的Ⅲ级水质标准；餐余污水化学需氧量和氨氮含量较高，可能与来自的大量食物残渣有关，均劣于GB 18918中的Ⅱ级水质标准；而洗衣污水中的磷含量较低，可能与无磷洗涤剂的使用有关。各类农村生活污水的水质特性也将为农村生活污水处理设施的规划和设计提供依据。

但是，目前还缺乏对农村三类生活污水量化指标的确定。

表 3-3   上海农村生活污水水质特性（引自任翔宇等，2012）

污水类别	污染物含量（毫克/升）			pH
	化学需氧量	氨氮	总磷	
洗衣污水	92.3	6.38	0.19	8.18
餐余污水	1 263.4	32.16	0.60	8.08
厕所污水	1 042.5	170.19	8.83	8.01

二、生活污水净化池处理

1. 生活污水处理工艺

本工艺中生活污水净化池是一个无动力处理系统，适用于分散式农户处理厨房、洗衣及水冲式厕所产生的污水，不包含畜禽养殖污水。生活污水净化池主要由四个格组成，第一格收集池主要作用是调节水量，同时在某种程度上也具有均匀水质和初沉的作用，可调节后续处理系统的用水量。第二格厌氧发酵池对污水中有机污染物进行有效降解。第三格为沉淀池，进一步沉淀除去污水中的悬浮颗粒物，防止后续人工湿地的堵塞。第四格为潜流人工湿地，利用植物-基质的吸附、吸收、转化等作用使污水进一步得到净化。下水道与污水净化池之间采用暗槽相连，并在入池处设置格栅（或初沉池）以隔除粗大颗粒物。农村生活污水净化池处理工艺流程见图 3-23。

图 3-23   农村生活污水净化池处理工艺流程

2. 处理池选址

生活污水净化处理池应修建在房屋后面，并尽量靠近厨房和厕所。若出现区域村庄呈现大分散、小集中的格局，可选空旷区域构建联户处理池模式。

3. 设计

（1）处理池容积。

$$V = Q \times T$$

式中，V 为总有效容积（升），Q 为农户日污水产生量（升/天），T 为污水在池中滞留时间（天）。

（2）植物-土壤渗滤池表面积。

$$S = n \times K$$

式中，S 为植物-土壤渗滤池表面积（米^2），n 为农户人数（人），K 为处理系数（与栽植植物种类有关，如栽植黄菖蒲、旱伞草、美人蕉，取值为0.45 米^2）。

4. 有关技术要求

（1）雨污分离。将生活污水与屋檐雨水进行分离，其中农户生活污水利用管网汇集至生活污水净化系统处理，而屋檐雨水直接通过房前屋后的露天沟或暗排沟引入沟渠排放。

（2）构建模式。根据农户的居住特点，生活污水处理选择单户和联户两种模式，其中集中居住农户且房屋前后无空闲地，可采用联户模式。

（3）外形要求。外形以"目"字形为主要类型，若受地形限制，方可选择"品"字形、T 形。

（4）构建要求。生活污水净化池的结构计算应遵守《混凝土结构设计规范》《建筑结构可靠性设计统一标准》中的有关规定，结构框架可采用钢筋混凝土整体浇注，也可采用砖混结构，其中钢筋混凝土标号不低于C18级，砖混结构中砖采用实心水泥砖，各池连通采用直径为 120 毫米的PVC 管。在沉淀池盖板正中央加盖，便于清渣；厌氧发酵池要封闭；各池池底必须做防渗处理，对于池底土质好的，原土整实后，用 150 号混凝土直接浇灌池底 6～8 厘米。如遇土质松软和砂土的，先铺一层碎石，轻整一遍后用 1：4 的水泥砂浆将碎石缝隙灌满，厚度为 4～5 厘米，然后再用水泥、砂、碎石按 1：3：3 的混凝土浇筑池底、混凝土厚度为 6厘米。

（5）水位提升。若为平原区农村，地势较平坦，可在收集污水和出水

时采用水泵提升水位，水泵运行模式为间歇式，可采用太阳能供电系统解决水泵长效运行。

5. 施工要求

生活污水设计图见图 3-24，按照《混凝土结构工程施工质量验收规范》等相关建筑施工标准执行。

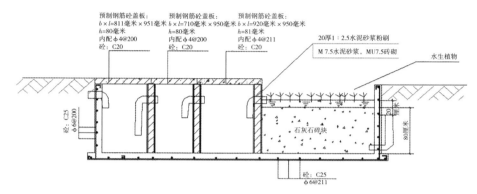

图 3-24　农村生活污水净化池示例（单户，人数 3~5 人）

（注：b 为宽，l 为长，h 为厚度；ϕ 为直径，@为间距）

6. 运行管理

（1）生活污水净化池建好后，应先试水，观察池子是否有渗漏现象。如有渗漏，必须修补至不渗漏方可投入使用。渗漏检查方法是，将各池注满水，24 小时水位下降 1 厘米以内为不渗漏。

（2）处理系统在使用前，必须保证污水收集系统畅通。

（3）厨房、洗衣等废水在进入处理系统之前，应增加粗格筛，避免大的固体或悬浮物堵塞管道，同时可延长清渣时间。

（4）收集池每年要进行清淤，人工湿地的植物每年要进行收割。

7. 应用范例

对农村生活污水净化池处理系统（图 3-25）的出水水质检测，其对生活污水中的污染去除率有较好的效果：出水化学需氧量为 30~85 毫克/升，去除率 60%~70%；出水总氮含量为 60~80 毫克/升，去除率为 60%~65%；氨氮含量为 20~25 毫克/升，去除率为 60%~65%；总磷含量<2.5 毫克/升，去除率为 45%~50%。

图 3-25　农村生活污水净化池处理系统

三、农村小规模生活污水集中生态湿地处理

农村生活污水通过净化池处理后，其污染物浓度还较高，需要进一步进行处理才能达到达标排放。同时，也可以结合农田面源污染，开展小流域农村生活污水和农田面源污染生态湿地综合治理。农村小规模污水生态湿地治理工艺流程图见图 3-26。

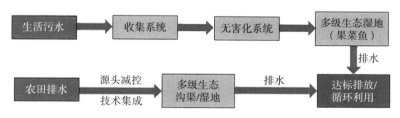

图 3-26　农村小规模污水生态湿地治理工艺流程图

在长沙县开慧镇葛家山村开展的应用示范（图 3-27）表明，收集了居民 23 户，存栏猪 1 000 头，从 2013—2014 年的监测结果见图 3-28，各指标均值：化学需氧量 45 毫克/升、氨氮 2.1 毫克/升和总磷 0.58 毫克/升，总去除率 85%～99%，出水水质接近到国标 Ⅳ 类水质标准（GB 3838）。采用绿狐尾藻生态湿地处理畜禽养殖污水和农村生活污水后，得到的绿狐

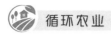

尾藻收割后经过粉碎、挤压脱水后，可制成发酵饲料等，实现资源化循环利用。

【视频4】
绿狐尾藻治理农村
生活污水情况

【视频5】
绿狐尾藻粉碎挤压
脱水后加工饲料情况

图3-27　农村小规模生活污水处理（长沙县开慧镇）

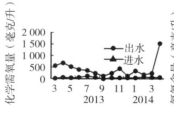
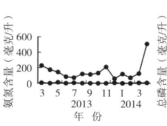
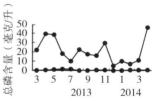

图3-28　农村小规模生活污水处理效果（长沙县开慧镇）

（肖和艾　曾冠军）

Chapter 4

第
四
章

主
要
模
式

　　我国传统农业在发展中已经包含农林牧相互依
赖的物质循环、能量转化的循环农业思想。20 世纪
末，在我国传统农业和现代农业交替发展中，广大
农业科技人员、农业种养大户为了实现效益和环境
的并行发展，对循环农业模式分别从农户、企业、
园区和区域层面进行了摸索和探讨。

第一节 | 循环农业模式构成及分类

一、模式的内涵

循环农业是循环经济理论在农业生产中的具体应用。"循环农业"经历了"循环型农业""循环节约型农业""农业循环经济",最终演变成普遍接受的"循环农业",其本质是低投入、多循环、高效率。在相关学者对模式定义的基础上,结合循环农业理念和内涵,提出以下循环农业模式概念。

循环农业模式是指在现代农业生产经营组织方式下,运用循环经济理论和产业经济学理念,通过农业技术创新、调整优化农业生态系统内部结构及产业结构,延长产业链条,实现最少资源和物质投入、最少废物排放、经济效益最大化目的的一种可借鉴推广的农业生产经营方式。简而言之,循环农业模式是按照循环农业遵循的理念和原则,采用现代先进技术和先进企业管理理念,在一定范围内组织的一种农业生产经营类型。它是对现阶段开展的某类循环农业进行总结提炼后上升为理论性质的经验,用于借鉴推广和指导实践。

任何一种循环农业模式,与现实的某个或某类农业生产经营方式有对应,但又不是对现实事物的简单描述,具有一定程度的抽象化和理论化;同时,又不等同于理论本身,而是对从实践经验上升为理论的一种解释或具体阐述。循环农业模式是一定社会经济发展和环境资源禀赋之下的产物。不同发展阶段,循环农业模式在生物结构、产业结构、组织形式等方面具有一定差异,模式内部各要素之间相互依存、相互作用的关系也将随之处于动态发展之中。

一个循环农业模式,至少包含以下三个方面的内涵和特征。

一是系统性。循环农业是整个农业生产经济活动作为一个整体,组成"农业资源—农产品—废弃物—再生资源"物质能量循环利用的闭环系统。

不仅如此，它还需和相关的产业系统、社会系统联系起来。

二是先进性。循环农业不仅仅注重本产业技术的先进性，它还需通过先进适用的组织管理方式，以及与之相关产业的高新科技的应用，实现资源节约与高效利用、废物最少化和无害化排放。

三是产业性。在不断提高农业产业化水平的基础上，从整体角度构建农业及其相关产业，通过产业链延伸和拓展，实现农业生态系统资源多级循环利用和经济效益最大化。

随着现代农业的发展，规模不断扩大，技术不断完善，产业不断延伸，效率不断提高。因此，现阶段的循环农业最明显的特征是要有一个比较完整和闭合的产业网络，而且须与相关产业融合，源头资源投入、产品流通及消费、副产品处置等都应该纳入循环环节的链条之中。

二、遵循的原则

1. 循环经济原则

循环经济遵循的基本原则是减量化（reduce）、再利用（reduce）和资源化或再循环（recycle），即著名的"3R"原则。其中，减量化被解释为输入端的方法，再利用侧重于生产过程，资源化属于输出端方法。"3R"来自美国杜邦公司的"3R"制造法，三者均是提高资源效率的途径。

循环农业发展同样遵循环经济的"3R"原则，即减量化（reduce）、再利用（reuse）、资源化（或再循环）（recycle）。随着技术进步，以及农业生产特点，高旺盛等（2015）又延伸、增加了可控化（regulation）的循环农业"4R"原则。

2. 产业经济原则

循环农业是生态系统与经济系统相结合的复合系统，不仅遵循农业生态学原理，同时又是一种产业形态，其过程和管理遵循产业经济学理论。

产业结构理论：产业机构的变化和经济发展是对应的，主要表现在不同经济发展阶段，产业结构会做出相应调整。而产业结构变化主要是由供给和需求共同影响和决定的。产业结构升级的直接动因是创新，创新导致技术的进步，带来新的市场需求，刺激产业扩张与收缩，拉动产业结构的升级。

产业关联理论：产业关联是指产业间以各种投入品和产出品为纽带的技术经济联系。主要依托方式有产品和劳务、生产技术、价格、投资等联系。产业关联的方式是指产业部门间发生联系的依托或基础，以及产业间相互依托的不同类型。主要有三种：向前关联和向后关联、单项关联和环向关联、直接关联和间接关联。循环农业产业部门间通过需求联系与其他产业部门发生向后关联，同时先行产业部门为后续产业部门提供产品，后续部门的产品也返回到相关的先行产业部门的生产过程，符合环形关联特征。

产业链延伸理论：产业链的实质是产业关联，而产业关联的实质是各产业相互之间的供给与需求、投入与产出的关系。农业产业链是一个贯通资源市场和需求市场，由为农业产前、产中和产后提供不同功能服务的企业或单元组成的网络结构（尹昌斌等，2008）。构建产业链包括接通产业链和延伸产业链。接通产业链是将一定地域空间范围内存在前后经济技术关联的产业环节（通常是产业链的断环和孤环），借助某种产业合作形式串联起来，使原本独立或孤立的产业链环之间建立关联关系。延伸产业链是将一条已经存在的产业链尽可能向上游延伸或向下游拓展。向上游延伸一般进入基础产业环节或技术研发环节，向下游拓展则进入市场销售环节。产业链拓展和延伸，接通了断环和孤环，使整条产业链产生原来不具备的利益共享、风险共担的整体功能，同时衍生出新兴产业链环（周颖，2015）。

3. 农业生态学原则

生态学基本原理包括：生物的生存和繁殖受限制因子制约，生产者、消费者和分解者是生态系统的三大功能类群，生产—加工—分解—转化是生态系统的基本代谢功能。物质循环、能量流动和信息传递是生态系统的三大功能，能量流动是单方向的、递减的，物质流动是循环式的，信息传递是网络状的。物质循环服从物质平衡原理，能量传递和转化规律服从能量守恒和能量耗散理论。生态系统内部存在竞争和共生作用，并取得协调平衡。生态系统具有生物多样性、优势种、关键种特征。生态系统具有稳定和反馈、调节机制，结构越复杂，自我调节能力越强，系统越稳定。生

态系统通常趋向保持生态平衡状态，当外界干扰超过生态系统本身的调节能力，则生态平衡被破坏，即生态失调。

农业生态系统作为生态系统的特殊类型，是一个半自然半人工的复合生态系统，受自然规律和社会经济规律的双重影响。与自然生态系统相比，农业生态系统受人类调控，开放性更强，自身稳定性更差，净生产力更高。

三、模式的构成

循环农业模式体系由农业产业链的组织方式、农业产业化经营技术范式、农业产业链的网络形式三部分构成。结合相关学者研究，针对本书面对的读者，提出循环农业模式构成的简单通俗含义。循环农业模式至少由三部分构成：产业组合、技术类型及组织方式（尹昌斌等，2008）。

1. 产业组合

产业组合即产业链，也就是产业关联。产业链，是指在一种最终产品的生产加工过程中，即从最初的自然资源到最终产品到达消费者手中的各个环节所构成的整个生产链条。循环农业的产业链，通过产品供应、副产品（废弃物）交换和利用，将上一个产业的副产品或废弃物作为下一个产业的原料，多个相互关联的产业构成相互依存、相互利用、密切联系的比较完整和闭合的产业网络。在这个产业链条中，每一个环节又都是一个相对独立的产业，资源得到最佳配置，废弃物得到有效利用，环境污染减少到最低水平。

一个完整的循环农业产业组合通常包括种植业、养殖业、农产品加工业、废弃物产业4个产业，也可能是种植业、农产品加工业和废弃物产业，或养殖业、农产品加工业和废弃物产业3个产业。本书所指废弃物产业，是指利用生产和消费活动中产生的废弃物做原料，或回收、利用生产和消费活动中产生的废弃物生产再生资源的产业。产业链条中的各环节通过动力机制连接在一起，形成一个完整的横向耦合和纵向闭合的循环链条。农产品加工业和废弃物产业是构成一个循环农业模式的必需要素和一个模式正常运转的决定环节。常见的产业组合（产业链）有以下三种类型。

（1）依托型。依托型产业组合是围绕一个主导产业，吸附相关辅助产业和附属产业围绕其运作而形成的。由于主导产业的存在，一方面需要其他产业为它供应原材料或零部件，另一方面主导产业产生大量副产品，如种养业生产中产生的作物秸秆、粪便，农产品加工中产生的米糠、糟粕、废水、热量等。当这些廉价的副产品成为相关产业的生产原材料时，也会吸引大量企业或产业围绕相关业务发展自己的产业。依托型产业组合的特点在于对主导产业具有很强的依附性。主导产业一般是当地规模较大的产业或大型企业，主导网络的运行决定了共生网络能否持续发展的技术可行性。一旦主导产业的经营环境发生变化，如材料更换或规模变更、生产工艺流程变化等，都会对它的依附产业企业产生很大影响，最终将影响产业网络的稳定性和安全性。

（2）平等型。平等型的产业组合是指一个主导产业同时与多个产业进行资源交流，产业之间不存在依附关系，在合作过程中处于相对平等的地位，依靠市场调节机制来实现价值链增值。该产业组合没有典型的主导产业，相对较大的几个产业规模、效益及带动作用相差不大。在这种产业组合类型中，同时存在多个产业增强了产业共生网络的稳定性。但由于受经济利益影响较大，产业中的企业选择合作伙伴的主动权增强，难以形成主体产业链，仅靠市场调节很难保障网络稳定性和安全性。因此，在共生关系出现频繁波动的情况下，需要政府或园区管理者参与。

（3）复合型。复合型产业组合是一种复杂的共生关系，有多个主导产业中的多个大型企业参与其中，通过副产品、信息、自身和人才等资源的交流建立共生关系，形成主体网络。同时，每个产业又吸附大量中小产业，每个中小产业围绕各自的产业形成子网络。另外，围绕在各大产业周围的这些中小产业之间也存在业务关系。所有参与共生的产业通过各级网络交织在一起，既有各大型产业之间的平等共生和小产业的依托共生，又有各子网之间的相互渗透，从而形成一个错综复杂的网络综合体（李云燕，2008）。

2. 技术组合

技术组合包括一系列先进生产技术，以及多样化的农业生态工程模式。它是循环农业顺利开展的技术依托，包括各种新技术、新工艺、新方法、新手段等。目前，我国循环农业技术体系大体包括五部分，即农业资源节约高效利用技术，农林废弃物资源化利用技术、农产品深加工及贮运

和检测技术、生态保护与新能源开发技术、农业产业设计系统化技术（周颖，2015）。

（1）资源节约类技术。是指在农业生产的全过程中用较少的物质和能源消耗达到既定的生产目的的技术总称。主要通过开发和使用新资源、新品种、新农艺和新农机，提高资源利用效率，减轻生产和消费过程中的环境压力，以达到"九节一减"的效果，如节水技术、配方施肥技术、病虫害综合防治技术、高效耕作栽培技术等。

（2）资源化利用技术。是指能够将农业生产或生活消费过程产生的农林固体废弃物（植物秸秆、人畜粪便、生活垃圾、加工剩余物等）再次转变成有用的资源及产品的技术总称。主要通过生物质固化、生物质液化、生物质气化、生物质热解、生物质发酵和生物质直接燃烧等生物质能源转化技术，将有机废弃物进行饲料化、能源化、肥料化及材料化。

（3）产品深加工技术。包括能够提高农产品中蛋白质资源、植物纤维资源、油脂资源、农副产品生物活性成分的提取和开发利用技术，农产品贮运、保鲜及加工技术，有效减少储粮损失的综合配套技术，以及农产品质量安全控制技术和检验检测技术。

（4）生态保护类技术。是指能够保护农业生态环境、防止生态退化的水土流失控制技术、农业生态环境综合整治技术、生态系统的恢复与重建技术、生态农业配套技术、环境污染治理与控制技术、微生物农药和肥料技术，以及农村清洁能源开发与节能技术、生物质能综合开发利用技术、秸秆发电技术及饲料化技术等。

（5）产业链构建技术。是指在农业生产过程中，通过食物链的合理构建、农业各产业部门的科学组合，实现农业生产中物质、能量、资金、技术最优化的技术总称。如北方"四位一体"生态农业模式和技术、产业优化与农业结构调整技术、设施农业技术、立体种植和养殖技术等。

3. 组织方式

产业链的组织方式，是指相关产业之间建立的组织形式及利益分配机制，即经营管理模式和组织运作机制。它是多元主体在共同利益上的联合，其本质是共同利益的一体化。组织方式还可以解释为农业产业部门依据一定经济技术要求和前后关联，连接形成链条式集合的新型空间结构。

我国农业生产力水平较低，农业产业化经营还处于较低水平。由于各地自然条件、农业发展水平差异较大，农业生产的经营方式和产业结构各不相同，这就决定了农业产业经营组织方式的多样性。根据带动主体不同，目前我国农业产业链的组织方式主要有 4 种类型。

（1）龙头企业带动型。以公司＋基地＋农户为典型形态。这是以公司或集团企业为龙头，重点围绕一种或几种产品的生产、加工、销售，与生产基地和农户实现有机联合，形成"风险共担、利益共享"的产业链组织。龙头企业与农产品生产基地和农户结成紧密的生产体系，其最主要和最普遍的联结方式是合同（契约）。公司＋基地＋农户的组织方式在一定程度上缓解了"小农户"与"大市场"间的矛盾。

（2）中介组织带动型。以合作经济组织＋农户为典型形态。中介组织带动型主要以社会合作经济组织、专业合作社、供销合作社等为中介，带动农户从事专业生产，将生产、加工、销售有机结合，实施一体化经营。其特点在于各种合作经济组织充当中介，为农户提供产前、产中、产后服务，为龙头企业提供收购、粗加工等服务，降低了农户、企业之间的交易费用，使双方之间的结合程度更为紧密，利益分配更趋合理。

（3）专业市场带动型。以专业市场与生产者、经营组织间的合同关系为典型形态。专业市场带动型是一种以专业市场或专业交易中心为依托，根据农业生产的区位优势，发展传统产业，形成区域性主导产业，建立农产品批发市场，加深产销联系的"市场＋基地＋农户"型的农业产业链组织形式。农产品加工者、营销者与农户（生产者）之间的联结关系是相当松散的，他们之间没有合同约束，交换活动完全靠市场联结起来，利益分配也完全依赖于市场机制。

（4）其他类型。包括农业综合企业、农业服务组织或科教等事业单位以契约关系为农户提供社会化服务所形成的农业产业链组织形式。在其他类型中，科技带动型居主导地位，它是以科研单位为龙头，以先进科学技术的推广应用为核心，在科技龙头的带动下，实现农产品的生产、加工、营销一体化经营的一种农业产业链组织形式。这种形式有利于大量农业新技术的应用，保证了农产品的品质，有利于提高农产品的竞争力（尹昌斌等，2008）。

因此，循环农业模式是在一定地域空间范围内，某种产业链网络形式
（即产业组合），运用先进技术支撑体系，并在合理有效的农业产业链组织
方式下运作的一种闭合产业形态。用简单的关系式表示如图 4-1 所示。

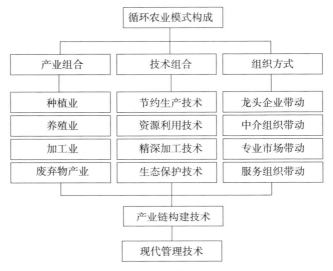

图 4-1　循环农业模式构成示意图

四、模式的分类

由于我国地域广阔，地形、地貌、自然气候、植被类型等与农业相关
的自然资源与环境类型多种多样，各地各区域经济发展水平、主导产业及
产业化程度各不相同，导致农业发展类型与模式也复杂多样，因此，可以
从不同角度进行归类。

1. 按产业构成分类

循环农业模式按产业构成可分为产业内循环和产业外循环。产业内循
环指农业产业内部，即种植业内部、养殖业内部、种养业内部，通过产
品、副产品的交换和循环利用，形成相对闭合的循环网络。产业外循环主
要是农业与系统外的加工、服务、运输、旅游等相关产业之间建立循环共
生关系，在较大范围内实现资源高效利用和废物排放最小。

2. 按循环规模分类

循环农业模式按循环规模可分为小循环（基础循环）、中循环（区域

循环）、大循环（社会循环）。小循环是以农户或单个企业为独立生产单元，在微观层次上设计单个企业或单个农户的物质循环工艺，实现单元内物质能量的充分利用和循环再生。中循环是以多个企业或产业集聚的农业园区，以及一定区域范围的村乡为基本生产单元，通过产业合理组织，建立单元内各相关产业、企业间物质能量的集成和资源的循环利用。大循环是以县级及以上更大区域范围为循环单元，从宏观层面统筹规划城乡发展，通过建立城乡之间、生产消费与自然环境之间的物质能量大循环，在社会系统范围内解决发展与资源环境问题。

3. 按区域层次分类

循环农业发展的区域层次一般包括农户、企业、园区、社会四个层面。

（1）农户层面。这是最小范围的物质循环系统，通过农户来实施。农户自身拥有土地、劳力、技术等生产要素较少，即使开展清洁生产、资源循环利用活动，所获得的效益不大。

（2）企业层面。通过发展农业加工业和产业集群，由工业企业来推动主要的物质循环，形成"农户＋公司＋基地"的利益组合。由于企业拥有的生产要素较大，能在更大范围内调动各种资源，有助于资源的循环利用。

（3）园区层面。园区循环农业发展模式是以农业经济产业园区为基础，在园区范围内，不同的企业或产业通过相互利用产品或副产品，延伸产业链条，形成利益共生的联合体，实现资源在不同企业和不同产业之间的最充分利用。

（4）社会层面。整个社会层面实现资源循环利用，要求在较大区域内使整个经济系统形成循环链网。即种植业、牧业、渔业、林业及其延伸的农产品加工业、贸易服务业、农产品流通领域之间，通过废弃物交换、循环利用等方式，形成一个比较完整和闭合的产业网络。该层次将循环农业纳入了社会整体循环，资源配置最佳、废弃物利用最充分、污染物排放最低。

4. 按循环程度分类

循环农业模式按循环程度分类有闭合式循环、半闭合式循环、开放式循环。循环农业不会消除经济本身的趋利性和节约性，循环环节之间的距离是无法完全消除的，存在距离成本的地区差异。因此，任何循环农业系

统都存在一定的边界，边界内部的物质能量可以实现闭合循环，但这个边界是相对的，都不可能与外界隔绝，完全闭合、完全不对外排放污染物，只是理想状态。同样，完全闭合的系统也是不存在的。

（1）闭合式循环。这里指纵向闭合的循环，在一定循环单元内，物质能量全部在系统内部吸收转化。如一个企业或一个园区、一个区域单元，生产过程产生的废弃物、污染物经本企业或本产业内自身的物理化学处理，使之成为再生资源重复利用，不对外排放废弃物。

（2）半闭合式循环。这里指系统既吸收内部物质能量，也从外界输入能量补充内部消耗，经过能量转化，其中一部分能量在系统内部被吸收，另一部分无法消纳的则输出系统。

（3）开放式循环。这里指在系统内实现循环的基础上，输出系统的物质能量在更大范围内得到多次循环利用，相当于大循环。

总体来说，只有当一个地区建立了比较健全的循环型种植业、养殖业、农产品加工业和服务业体系，其经济增长方式才能发生根本转变，才有可能形成可持续的生产模式，构成不同产业体系之间的循环和共生体系。同时，只有建立了较发达的废弃物再利用、资源化和无害化处置产业体系，整个区域的"资源—产品—再生资源"循环才能够转动起来，形成可持续消费模式，并与可持续生产模式对接，构成区域"大循环"。换句话说，只有在经济发展达到一定水平，产业集聚达到一定程度，才能形成较大范围的区域循环。循环农业模式类型见图 4-2。

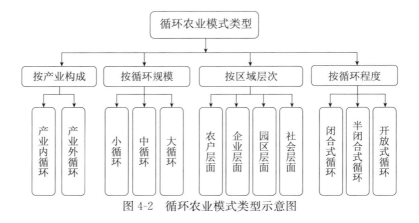

图 4-2　循环农业模式类型示意图

第二节| 农户循环农业模式实例

我国幅员广大的农村，各地自然条件不尽相同。发展循环农业不仅强调产业之间的循环合作，更强调经济与自然之间的协同发展。相对来说，经济基础薄弱地区，尤其是偏远山区，生产手段落后，产业结构单一，交通不便，信息闭塞，城镇化率、产业化率低，在这种背景下发展循环农业，不可能有大规模产业和深层次的循环合作，需以立足特色发展、突出重点发展、创新机制发展和适度超前发展为基本原则，根据各地特点，首先实现小规模循环农业生产，如立体种养加、庭院猪沼果、林间套、"五配套"、基塘生态农业等模式。以湖南省湘西自治州凤凰县木根井村农户、怀化市鹤城区农户和安徽省临泉县农户的实践模式为例说明。

一、以种植业为主的专业协会带动型模式

农民专业合作组织通过在产前提供农资服务、产中提供生产技术服务和产后提供销售服务，带动农户从事专业生产，将生产、加工、销售有机结合，实施一体化经营，能够很好地克服"小规模、分散化"家庭经营的弊端，解决农业"小生产、大市场"的矛盾。

1. 基本情况

木根井村位于湘西自治州凤凰县廖家侨镇，原本是该县有名的山区贫困村。该村共有 4 个自然寨村，4 个村民小组，152 户，746 人；行政区划面积 1.5 千米^2，耕地面积 2 238 亩，其中稻田 746 亩，旱地 1 492 亩。该村农户根据其丘陵山区资源特点，大力发展当地优势经济果树椪柑和猕猴桃种植，形成了以果树种植为主、果品加工和生猪养殖协同配套发展的"果-猪-沼-加"循环农业发展模式。

2. 模式特点

"果-猪-沼-加"模式，是一种农户个体小循环模式。采用农民果业协会加农户的组织方式，依托生态富民工程，以果树种植为重点，以户为单

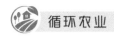

位，利用丰富的山地、庭院种植水果，通过沼气接口，将种植业与养殖业连接起来；以加工接口，将种养业与市场连接起来。辅之以农家糯米酒酿制，猕猴桃糖、猕猴桃饼干、果汁开发，以及沼气综合利用，达到在农村庭院的种植、养殖、加工多业的有机结合，形成不同类型的农户庭院生态系统。

3. 运行机制

其循环过程包括养猪、沼气发酵、种果树、制肥、家庭酿酒各环节，布局上体现了生物链间的联动协调，每个环节在空间上互相连接。发展果树种植和水果加工，利用种植业生产的大米、水果酿酒，酒糟喂猪，人畜粪便、作物秸秆、生活垃圾和污水等下池发酵，沼肥用于大田和果树园，实现了农户庭院种养加良性循环。见图 4-3。

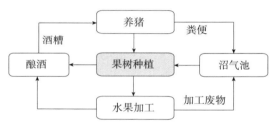

图 4-3　以种植业为主的专业协会带动型模式

4. 经验分析

一是依托资源优势，大力发展猕猴桃、柑橘、杨梅、桃等地方传统水果生产，充分利用和发挥了该村丘陵山区资源特色。

二是该村的果业协会在产品营销、品牌树立、技术指导等方面发挥了很大作用，使单个农户与市场连接起来。各会员及果农实行独立核算、自主经营，散户农民依托协会，扩大了生产规模，实现了种养加一条龙生产模式。

三是农家酒酿制、猕猴桃开发成系列食品，增加了系统内部的产业耦合，延伸了产业链，提高了资源利用率。

二、以养殖业为主的主导产业带动型模式

采用主导产业带动型的组织方式，从利用当地资源、发展畜禽养殖业

入手，将养殖业生产过程中的废弃物和副产品通过一定技术处理，在种植业、养殖业等之间进行循环，实现资源化利用。

1. 基本情况

湖南省怀化市鹤城区位于湖南省西部，是湘、鄂、桂、黔、渝五省区市边境中心，是城郊型农业县。全区土地总面积 722.8 千米^2，其中耕地面积10 967公顷，主要农作物常年种植面积 9.8 万亩，复种指数 175％，作物种类多，秸秆数量大。同时，该区位于雪峰山和武陵山之间，以山地为主，山区林地资源丰富。有牛羊养殖传统，但农户散养，养殖规模小，人畜混居，畜禽排泄物污染严重。牛羊天然放养，经营粗放，良种比率低，产品链短，效益不高。近年来，当地政府将农业发展重点转移到畜牧业，出台了一系列鼓励发展草食性动物，突出发展肉牛养殖的具体政策，有力助推养殖业跨上了一个新台阶，大批养殖专业大户脱颖而出，逐步形成了以养殖为中心，与种植业、林果业有机结合的"牛-猪-鸡-肥-玉米-蘑菇"循环种养模式。

2. 模式特点

"牛-猪-鸡-肥-玉米-蘑菇"模式，是一种农户个体小循环模式。该模式以农户为经营单位，以牛羊养殖为主导，庭院为依托，种植业为基础，畜牧业为中心，与饲料、果蔬等种植业相结合，加上以沼气发酵为主的能源生态工程、粪便生物氧化塘多级利用工程，将农作物秸秆尤其是大量玉米秸秆等废弃物和家畜排泄物能源化、肥料化、基料化，组成物质良性循环利用的农业生态系统。

3. 运行机制

在该系统中，猪牛粪便进入各家各户的家用沼气池，鸡粪通过发酵做饲料喂猪，沼渣、沼液用于大田种植。种植玉米做牛猪饲料，秸秆、沼渣做有机肥料，玉米地放养地方土鸡，鸡粪肥地。通过发展养殖业，带动种植业发展，不但利用了充足的牛粪资源，也为村民大量玉米芯找到了出口，以前困扰农村环境的牛羊粪便、田间秸秆等老大难问题迎刃而解，取得了良好经济生态效益。见图 4-4。

4. 经验分析

一是政府积极鼓励支持特色养殖业发展，出台了一些优惠政策，提高

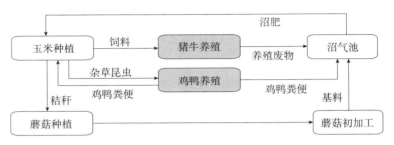

图 4-4　以养殖业为主的主导产业带动型模式

了农户养殖积极性，使养殖业成为地方性主导产业。

二是发展了饲料加工业和农产品深加工业等产业关联度较高的产业，正大饲料、湘珠饲料等品牌在周边地区已有较大影响，带动了农村种植业和养殖业的快速发展。

三是建立了比较完整的技术引进、推广、普及的科技服务体系，全区84 个村成立了农科教服务组，培养了一批科技示范户和专业大户。

四是建立了较为健全的营销网络。全区已组建了多个大型农产品批发市场，并在市场内建立市场信息发布中心。同时，大力组建以农产品为纽带的产品种植流通协会，实行联购联销，专业贩运。目前，养殖协会、果木协会、蔬菜协会等农业专业协会与农产品流通营销组织已有 20 多个，成为鹤城农业发展与农业产业升级的强大拉动力。

三、以废弃物利用为主的市场带动型模式

1. 基本情况

临泉县位于安徽省西北边陲，辖 33 乡镇，830 村，总面积 1 818 千米^2，耕地 11.47 万公顷，人口 200 万左右，是全国有名的农业大县和人口大县。王守红是临泉县长官乡一个积极推行循环经济的高素质农民，他探索出的"林-草-牧-菌-肥"循环农业模式，曾被 CCTV-7 誉为"牛粪里淘出 1 000 万"模式，取得了较好的经济、生态和社会效益。

2. 模式特点

"林-草-牧-菌-肥"循环农业模式，属于农户个体小循环模式。以林地资源为依托，把黄牛养殖业与本地产业结构调整相结合。种植业产生的秸秆青贮，林下闲置土地套种牧草，同时利用酒糟喂牛。林间搭棚，利用粉

碎秸秆和牛粪种双孢菇，树荫延长种植和收获双孢菇时间，增加双孢菇产量和品质。这样既弥补黄牛养殖饲料不足，又解决秸秆、酒糟及牛粪浪费和污染问题。

3. 运行机制

在该系统中，种植水稻、玉米等粮食作物，多余产品酿酒，秸秆青贮或氨化处理，与当地废弃酒糟掺和喂牛；大量牛粪做蘑菇种植基料，多余牛粪干燥、打包、出售，牛尿及牛棚清污入沼气池；沼肥、菌渣肥返回做农、林、牧草种植肥料。林业、种植业、养殖业、酿酒业、沼气工程互相渗透，林木、牧草、畜牧、沼气各资源要素相互连接，形成一个相对闭合的有机整体。系统结构合理，资源循环再生，尤其废弃物资源得到高效合理利用。见图4-5。

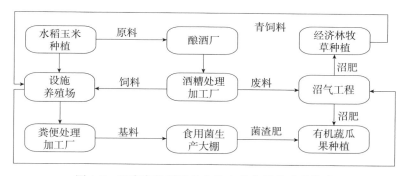

图4-5 以废弃物利用为主的专业市场带动型模式

4. 经验分析

一是具备丰富的山地资源和农副产品资源，特色农产品如大葱、生姜、芝麻、甜叶菊等种植历史长，养殖业尤其黄牛养殖发展迅速，规模化养殖比重达50%。酿酒业、农副产品加工业较为发达。

二是当地政府及农牧部门重视支持农业结构调整和养殖产业发展，政府出台鼓励规模养殖的措施，协调引进有关联的企业加入，引导建立黄牛、养鹅、食用菌等各具特色农民专业协会，提供牛羊养殖、牧草种植、蘑菇种植、沼气池建设、饲料和肥料加工等技术服务。鼓励酿酒等企业开展清洁生产，发展循环经济。

三是有较为健全的农产品市场网络。销区市场是产区市场的延伸，临

泉历史上就是蜚声南北的商旅集散地，近年来各类农产品专业交易市场不断涌现，是农产品市场现代化体系建设的重要环节，也是沟通产销联系的关键，成为"市场＋基地＋农户"组织形式的循环农业发展模式的重要因素。

第三节 | 企业循环农业模式实例

涉农企业对农业经济发展起着巨大的带动和推进作用，是循环农业发展的主体。随着科学技术、经济不断增长，从事农业生产的企业越来越多，规模越来越大，也更加注重生态和经济利益的统一，同时企业拥有规模、技术、资金优势。在宏观背景、国家环保要求和自身利益驱使下，涉农企业发展循环农业模式，建立高效化、集约化、生态化生产体系的主观和客观需求越来越迫切。同时，企业是农业产业化经营的核心，利用自身优势和特点，将分散经营的农户组织起来，进行统一调度和管理，并带动其他相关产业发展，逐步建成循环农业的产业链条，有利于推动区域经济实现良性循环。

一、企业内部种养结合型循环模式

桃源县济庆农牧业发展有限公司，位于常德市桃源县茶庵铺镇尚寺坪村。该公司是一个以生猪养殖为主，辅以经济林果、茶叶种植、渔业养殖、沼气能源开发的综合养殖企业。由 1996 年的个体生猪养殖场，发展成为占地近 67 公顷、年存栏母猪 1 200 头、出栏肥猪 26 400 头、鲜鱼 2 500 多千克的养殖龙头企业。过去臭气冲天，粪污横流，如今空气清新、环境优雅，实现了和谐发展。

1. 模式特点

在养殖业生产内部，实行"猪、沼、茶（林、果）、鱼"能量物质循环利用，通过"一栏二池三园"，即猪栏，鱼池、沼气池，茶园、果园、饲料园，环环相接，实现了企业内部物质能量的多层次、多结构循环利用，基本不对外排放废弃物。

2. 运行机制

公司建有 500 米³ 的沼气池，用于消纳每年 2 270 万吨的生猪养殖废弃物，包括生猪粪尿、猪栏清污，以及生活垃圾和污水。沼气用于生产生

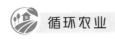

活能源，沼液经沼液过滤池、储备池和管网设施，进入 32 公顷茶园、21.5 公顷退耕还林的山林和果园作为灌溉用水，以及进入 13 公顷水面鱼池。沼渣经抽运车运送，作为茶园果园肥料。以猪产粪，以粪产气，以气产能，沼渣进果园、茶园和饲料地，沼液进鱼池，鱼池塘泥进果园、茶园和饲料园，取得了良好的经济效益和生态效益（图 4-6）。

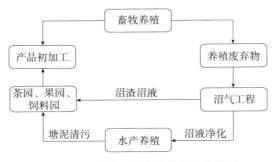

图 4-6　以养殖业为主的济庆农牧模式

3. 经验分析

第一，促进了养猪业可持续发展。以解决生猪规模养殖的高污染为重点，把种植和养殖有机结合，实现了养猪场废弃物的综合治理，生猪产业各环节资源得到良性循环利用。

第二，降低了养猪业生产成本。一个 27 公顷左右的种植园即可有效消化 1 个万头猪场废弃物，既节约了治污成本，又变废为宝。

第三，建立了农民增收长效机制。农民通过以土地入股成为养殖公司和生态园的股东，公司返聘农民在园区务工，每月收入在 2 000 元左右，并参与企业赢利后的第 2 次利润分配。从制度上建立起了农民稳定增收机制，调动了农民参与企业发展主动性和责任意识，有效放大龙头企业促进农民增收的带动效应。

二、企业内部产业链延伸型循环模式

企业在原有资源开发产业的基础上，通过自身产业延伸，将产业间废弃物作为再生资源，在延伸后的企业集团内部加以消化，建立起资源深加工和利用的产业链条，使经济总量扩大，如常德湘鲁万福模式。

1. 基本情况

佳沃农业开发股份有限公司，坐落在湖南常德市桃源县桃花源境内，是集粮食收购、储备，大米、油脂、淀粉糖生产销售，以及科研开发为一体的农业产业化省级龙头企业。公司现有员工 600 人，占地 240 亩，在全县建有无公害优质稻基地 20 多万亩，仓容 15 万吨。生产的主要产品有优质大米、高麦芽糖浆、结晶葡萄糖、麦芽糊精、大米蛋白、精制米糠油、糊精、低聚异麦芽糖、活性炭等系列产品。产品占据中南大部分市场，部分出口美国、韩国、日本等国家。

2. 模式特点

以农产品加工业为主业，在加工生产基础上，延伸到种植业和养殖业。种植业和养殖业消耗加工生产过程中的谷壳、糠粕等下脚料和废渣、废水等废弃物，把单一的稻米加工企业发展成集稻米、糊精、蛋白、米糠油、饲料、肥料等生产加工于一体的循环农业型企业集团。企业生产、生活废弃物全部消纳在企业内部，资源能源得到多级循环利用，形成了"资源—产品—废弃物—再生资源—产品"的企业内部闭合式发展模式。运进去的是原料稻谷，运出来的是精美产品，实现了零排放目标。

3. 运行机制

利用基地生产的无公害稻谷作为主要原料进行综合开发，年加工稻谷 20 万吨，生产优质大米、高麦芽糖浆、结晶葡萄糖、麦芽糊精、大米蛋白、精制米糠油、饲料等系列产品。利用稻壳作为锅炉燃料提供生产生活蒸气，稻壳灰生产活性炭、偏硅酸钠等副产品。配套有万头生猪养殖场和大型沼气池，消化企业生产的产品米糠、饲料，以及工厂废渣、废水、下脚料。猪粪尿和污水进沼气池发酵，发电用沼气，沼渣制肥用于基地稻田生产无公害水稻。单一的农产品加工企业变成一个多层次、多功能的农牧加复合生产体系，降低了原材料投入，又解决了废弃物污染问题。企业总产值和利税比单一生产时增长 3 倍以上。见图 4-7。

4. 经验分析

第一，龙头企业的强效带动。佳沃农业开发股份有限公司实力较强，在当地名声较大，能得到县财政补贴和发展银行的支持。企业运作机制较好，以该龙头企业为中心，一边连市场，一边连基地和农户，关系紧密。

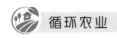

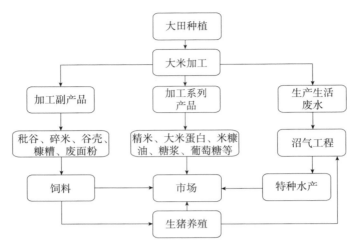

图 4-7　闭合式循环——以加工业为主的湘鲁万福模式

市场＋龙头企业＋基地＋农户的运作模式运行通畅。

第二，持续有力的科技支撑。坚持走产、学、研相结合的道路，与湖南农业大学、长沙理工大学等高校建立了长期的技术合作，与湖南农业大学联合建立了稻米精深加工研究所。

第三，就地取材的资源优势。桃源是全国商品粮生产基地，水稻面积种植大，优质稻谷充足。同时，将基地建在桃源，原料调运线短，降低了成本，有利于企业与基地间的合作共赢。

第四，合作组织的桥梁作用。稻米协会通过与政府、企业和技术部门的联合，为农民构筑了一条信息、技术和市场渠道，有效解决了农民卖粮难的问题。协会还通过培养农民经纪人和与企业联合加工的形式，拓宽了农副产品的销售渠道，极大地推进了循环农业的产业化进程。

三、企业间依托型循环模式

该类模式由一家企业同时与多家企业进行资源交换，企业之间存在依附和交叉渗透关系，但处于平等地位，依靠市场调节实现价值增值。在该网络的企业一般为中小型企业。由于该循环网络由不同产业的企业构成，具有广泛的原料需求和较完备的加工能力，对资源开发利用的程度较之单一企业要深广很多。以益阳市赫山区兰溪米市为例说明。

1. 基本情况

益阳市赫山区兰溪米市位于益阳市赫山区兰溪镇。这是一个以水稻种植、粮食深加工为主导的粮食集散地，云集了137家粮食加工厂及10多家以粮食副产品为原料生产饴糖、饲料、米糠油等产品的工厂，为目前"全国十大米市"之一。

2. 模式特点

一定区域的特定产业内，众多具有分工合作关系的不同规模等级的企业，在空间上相当集中，通过纵横交错的网络关系紧密联系在一起，依附大米加工业而存在，形成互惠共生、竞争协同的区域性产业集群。产品和副产品在不同行业线上交叉供应，充分利用在原料、技术和工艺上的互补性，最大限度地利用资源和获取效益。

3. 运行机制

100多家大米加工企业集中在兰溪镇，收购加工生产优质大米。大米加工企业的大量副产品如碎米、米糠、谷壳，为饲料加工企业、饴糖生产企业、优质米糠油生产加工企业的原料。不同产业相互间渗透发展，形成"资源—产品—再生资源—产品"的有限循环过程。见图4-8。

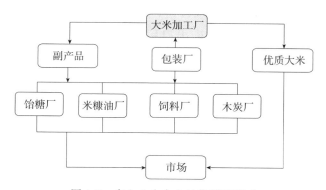

图 4-8 多企业为中心的依托型模式

4. 经验分析

一是当地政府高度重视，把招商引资作为经济工作的重点。去年全区到位外资801万美元；到位内资18.1亿元，同比增长89%。

二是整合兼并同类企业，统一规范经营，打造品牌，有效提升了兰溪米业的整体品牌。

三是制定落实了龙头企业特殊扶植方案，华港油脂、油中王、三本啤酒等企业不断发展壮大，龙头企业上下游产品不断增加，上下游产业链不断延长。

四是发展优质稻标准化生产，精心打造农业产业化基地，带动了周边村镇大米加工产业的发展和环洞庭湖地区 300 多万亩的优质稻生产。

五是有比较健全的协会组织，引导龙头企业通过兼并、控股、参与、租赁等方式优化与重组资本，帮助成立兰溪米业协会，建设兰溪米业工业园，很多企业组成联合体，并增加先进大米加工设备，带动产业化。

四、企业间交叉型循环模式

该系统由多家企业组成，企业之间通过产品、副产品、信息、资金、人才等资源的交换、交流，建立共生关系，形成主体网络。同时，各主体企业又吸附大量中小企业，并以各主体企业为中心，形成子网络。各中小企业之间又存在相互联系。以湖南加华生物科技发展有限公司的生产发展模式为例说明。

1. 基本情况

湖南加华生物科技发展有限公司，地处湖南省汨罗市，是集草业、肉牛品改、育肥、屠宰、加工、进出口贸易于一体的大型省级农业龙头企业。公司主要以牛肉加工为主，通过与饲料种植、饲料厂、有机肥厂联合，延伸牛肉加工产业链，实现了牧草种植、肉牛养殖、牛肉加工、肥料饲料生产各相关产业共赢。

2. 模式特点

该公司原本是一个牛肉生产、加工企业，大量牛粪和屠宰废弃物无法消纳。它通过发展分公司、子公司，或与关联企业联合，增加生产环和减耗环，即增加牧草种植、屠宰废物处理、清洁能源生产、有机肥和饲料生产等环节，牛肉加工链得以延长，既减少了对资源的消耗，减轻或避免对环境的污染，又节省成本，提高效益。

3. 运行机制

以牛肉加工为龙头，牛粪便集中处理制成干牛粪返回牧草地，大量屠宰、加工废弃物（血、羽毛、骨骼等）通过加工，又转化为饲料、肥料原料，形成了比较完整的循环链：种草→养牛→牛肉加工→销市场；牛粪便→集中处理池→沼气池→牧草；屠宰废弃物→过滤池→沼气池→大田；粪渣沼渣等→加工处理→干牛粪→草场及市场（图 4-9）。

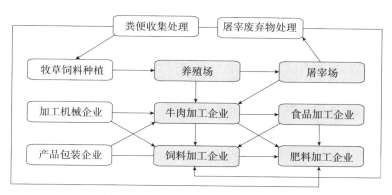

图 4-9　多企业为中心的交叉型模式

4. 经验分析

一是发展产品、副产品深加工，延伸了农业产业链条，拓展了农业增值空间，增加了农业整体效益，促进了农业增效和农民增收。

二是采取合同契约型产业经营方式，企业之间、企业与相关部门之间、企业与农户之间签订合同，经营各方形成了一种具有市场活力、互惠互利的产业发展模式。如公司负责提供幼牛等生产资料，信用社负责生产资金信贷投入，畜牧部门负责配种饲养技术服务，农户负责养牛，保险公司负责养牛保险，公司负责收购成牛加工销售，当地政府有关部门监督保障合同执行。

三是企业能充分考虑农民的实际利益，平等地参与制定和实施农户之间的生产规划，形成了长期稳定的依存供给、物质循环关系。

四是大胆创新，开辟养牛服务网络，农户不仅能获得资金和技术的支持，还可以大量减少生产资料成本支出。

五是以科技为依托，以契约方式实行统一供种，统一供应标准化饲料，统一按标准化要求进行规范化服务，统一收购产品、销售，结成牢固的产业链条，把生产与市场紧密连接起来，按照市场需要的畜产品规格标准进行生产。

第四节 | 园区循环农业模式实例

一个园区相当于一个"小社会"。农业园区是为适应经济发展需要而衍生的一种新型组织形态，是发展农业循环经济的重要载体。农业园区以其独特的技术优势、机制体制和制度优势，承载着为现代农业发展引路的重任，是集聚农业高新科技资源、引领农业转型升级、辐射带动更大区域范围发展现代循环农业的重要区域。

一、 以种植业为主的农业园区循环模式

1. 基本情况

浏阳市两型产业园，位于湖南省东部，地处浏阳东郊古港、沿溪两镇交界处，距浏阳城区 20 千米、黄花国际机场 60 千米、省会长沙市 80 千米。园区创建于 1999 年，原名"浏阳市现代农业园"，2007 年更名为农业科技产业园，2012 年更名为两型产业园，是一个主攻食品产业、兼顾新型工业的综合型园区，现被列为全国农产品加工示范基地、湖南特色食品产业园、湖南省农业科技产业园、长沙市创新型园区。到目前为止，园区已建成区面积 3 千米^2，聚集了 80 家入园企业，其中省级龙头企业 4 家、长沙市级龙头企业 15 家、省级工业旅游示范企业 1 家；孵化 48 家科技型企业，引进和开发新技术、新产品 50 多项；初步形成了以健康食品为主导、关联配套产业齐头并进的产业格局，产业集聚效应突显，经济、社会、生态效益显著。

2. 模式特点

浏阳市是一个山区农业大市（县），本地特色资源非常丰富，花卉苗木、竹木加工、药材种植、黑山羊养殖都有悠久历史和享誉盛名。该模式是一种以种植业为主导产业的种养加共生型循环模式，依据既定园区功能，结合园区内主体企业群体从业特点，有选择性引进关联企业、关联产业，形成了以浏阳红檵木等花卉苗木、主料烟、优质稻、中药材及服务省

会的净菜等种植业为基础，浏阳黑山羊、黑兔、杜长大生猪等特色禽畜养殖为补充，脱水蔬菜、净菜、畜禽产品等现代农副产品深加工业为龙头的特色循环农业产业链条。各组成企业、产业之间相互利用产品和副产品做原材料，克服了单一企业推行清洁生产、发展循环经济的局限，实现园区内资源利用最大化和污染物排放最小化。

3. 运行机制

高效种植区，以高档果品、高档反季节瓜果、精品蔬菜为主，为加工业提供原材料，为养殖业提供青饲料。农产品精加工区，引进了各类农副产品加工企业，同时带动了烘焙食品产业链上下游企业入驻园区，重点是粮油、果蔬和畜禽产品加工。加工区承接种植区的产品，以及辐射区农户的产品，通过粮油加工，开发粮油功能食品和营养方便食品；果蔬加工，开发果蔬脆片等时尚果品、干鲜果品、果汁果酒，以及绿色蔬菜、脱水菜、净菜、速冻菜；畜禽品加工，重点是低温、生物发酵制品，速冻肉、真空冷冻干燥肉制品及配套产业。特色畜禽养殖区，发展黑山羊、奶牛、肉牛等草食家畜养殖场，特种畜禽立体养殖。建有多个养殖基地和大型屠宰场，种植区、加工区的副产品用于畜禽养殖，屠宰废水、养殖粪污入园区污水收集系统及配套污水管网系统处理后，通过节水灌溉设施返回种植区，循环用水（图 4-10）。

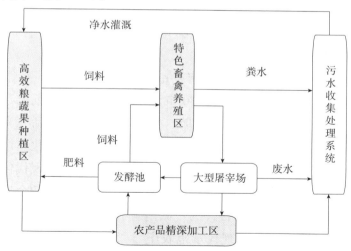

图 4-10　以种植业为主的农业园区循环模式

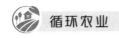

4. 经验分析

一是当地政府支持发展循环经济项目和资源节约利用项目，园区瞄准产业链和价值链高端，实行产业链上下游招商，拓展产业链。

二是园区物质集成、水系统集成、能源集成、技术集成和设施共享，提高了资源循环利用程度，形成资源梯次利用的产业链，实现资源利用的最大化和废物排放的最小化。

三是注重推进节能减耗、资源综合利用。支持企业采用清洁生产技术、先进工艺设备，降低原材料和能源的消耗，减少污染物排放。

四是以技术改造为抓手，推动企业智能发展。与湖南农业大学、湖南省农业科学院、中国科学院昆明植物研究所和亚热带农业生态研究所等单位建立了长期技术依托关系，与隆平高科、亚华种业等涉农大公司建立了广泛联系并开展了良好业务合作。

二、以养殖业为主的农业园区循环模式

近年来，宁乡市随着传统经济支柱煤炭产业逐渐退出历史舞台，在全国各地大力推进农村一二三产业融合发展背景下，凭借政府和市场"两只手"合力，大力发展资源节约型、环境友好型循环农业。通过源头融合、加工融合、末端融合，逐渐形成独具特色的农业内部融合的循环农业发展新模式。湖南湘都生态农业园的成功经验成了全国农村一二三产业融合发展的典型。

1. 基本情况

湖南湘都生态农业园，位于宁乡市大成桥镇永盛村，毗邻"湘中煤都"煤炭坝镇。园区规划面积 2 630 亩，2015 年开园，目前已建成示范区面积 1 000 多亩。园区以"绿色庄园、生产产业、健康生活"为理念，致力构建从田间到餐桌的完整链条，优化生产环境、提升文化建设、探索农民致富、促进产业发展，着力打造"观光休闲种养基地、现代化加工分拣处理车间、特色生态餐饮经营、社区生态食材直销中心"的全产业链现代新概念循环农业庄园。园区被评为"湖南省五星级休闲农庄""长沙市重大现代农业项目""长沙市现代示范农庄"。2018 年，湘都生态农业园将以乡村振兴战略为引领，以农业为基础、农民为主体、农村为载体，提炼

了"创享生态"的一二三产业融合湘都模式。

2. 模式特点

湘都生态农业园的循环农业模式，从本质上是一种以养殖业为主导产业的种养加结合型模式。种植项目主要有蔬菜公园、智能大棚、苗木花卉、水果采摘。养殖业主要为全国四大生猪地方名种之一的宁乡花猪（宁乡猪），以及桂花虫草鸡、鸭鹅养殖、水产鱼类。花猪采用传统熟食喂养，不使用任何饲料和添加剂。土鸡养殖采用农林复合经济模式，在桂花树下放养土鸡，其绿壳鸡蛋为国家认证绿色食品，以天然虫、草为食，饮用山间泉水。园区深加工产业链，重点围绕宁乡传统坛子菜和熏腊肉制品加工。熏腊制品以园区自主养殖的畜禽为原料，沿用古法以秕谷、锯末、米糠等熏制而成。该模式实现了以种植养殖业主导的第一产业为中心，辐射农产品加工等第二产业，带动休闲农业、民宿经济等第三产业协调发展，成为推动"湘都"实现跨越式发展的"三驾马车"。

3. 运行机制

湖南湘都生态农业园采取公司＋基地＋农户的组织方式，流转永盛村等邻近村庄农户的田地和林地，用来发展种植业和养殖业。种植系统分2个小系统，其中耕地种植蔬菜、花卉苗木和名特水果，林地套种青饲料和套养草鸡、鸭、鹅。养殖系统有以宁乡花猪为主的花猪养殖场，鱼塘水上养鸭鹅、水下养鱼。引进有机肥研发中心，建设污水处理场，采用粪便干湿分离技术，湿粪通过几级化粪，再通过污水处理场，废水净化后回到农田，干粪与杂草秸秆一起加工成为园区有机肥。种养业初级产品，通过自建的农产品加工中心进行深加工，解决其贮藏、保鲜等系列问题，所有产品由湘都统一贴牌，综合交易市场销售。与创研集团合作，通过线上订单与线下物流配送的模式，助力湘都产品走入千家万户。同时与北京田妈妈达成战略合作，充分利用农户闲置房，以及剩余劳动力，通过统一改造，规范化管理，以入股、合作、租赁等方式议定收益分配，将村居变客房，农民变股民，村庄变景区。园区成为集生态种养、产品加工、物流配送、终端美食、观光休闲为一体的一二三产业高度融合的新型循环农业模式典范（图4-11）。

4. 经验分析

第一，以工业思路抓农业，使一头猪融合了养殖、种植、加工、销

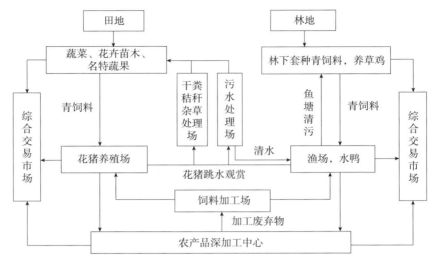

图 4-11　以养殖业为主的农业园区循环模式

售，打通了农户、企业、工厂、市场，带动了山村、园区、县域。

第二，土地流转与统一经营是园区发展的基础。以流转、入股等多种方式对农村未充分利用的耕地和闲置山地、闲余劳动力，通过规模经营和统一管理，形成产业规模，实现利益最大化。

第三，加工平台串联上下游产业，是承接一、三产业的关键。充分利用本地特色资源、特色农副产品，加工成时鲜果蔬、畜禽产品，以及深加工系列产品、礼品、纪念品，既能让游客购买，也能线上、线下销售。

第四，大型综合交易市场是引导推动产加销链条延伸发展的重要平台，是让"湘品出湘"，推动园区循环农业模式运行、持续发展的"最后一公里"。

三、以加工业为主的专业园区循环模式

安化县位于资江中游，湘中偏北，森林覆盖率达 76.2％，盛产竹、果、茶叶、油茶、油桐、药材等，是一个山区农业大县，也是全国十大生态产茶县。安化是黑茶之乡，茶产业资源极其丰富，2017 年全县茶园种植面积 35 万亩，以茶叶加工为主的农产品加工企业近 150 家，茶叶加工量 8.2 万吨，茶产业综合产值超过 180 亿元，茶叶税收 3.2 亿元，连续 11

年黑茶产量全国第一，荣登全国十大生态产茶县榜首。

1. 基本情况

安化黑茶产业园位于安化县城东部、资江南岸的安化县经开区，是一个集黑茶生产、加工、贮存、销售于一体的现代化专业园区。产业园规划总面积 1.86 千米^2，东起小淹镇长冲社区，西至马路镇碧丹村，涉及 9 个乡镇、56 个村。现有黑茶加工企业 52 家，厂房总面积 10.3 万米^2，年加工能力达 8 万吨。也就是说，安化黑茶的加工业产量都集聚在该黑茶产业园区。目前，已有白沙溪、梅山黑茶、久扬茶业、高马二溪、华茗金湘叶、华莱万隆等 20 余家大型黑茶企业及其关联企业入驻园区，该园区先后列入"湖南省服务业示范集聚区""湖南省产城融合示范区"。不同于一般农业园区的多产业链集聚性，该园区属于黑茶专业园区，围绕安化黑茶产业链，从规划开始，只引进黑茶生产、加工、销售及其研发、示范、服务等关联企业，已规划成生产、加工、物流、研发、示范、服务六大功能板块，成功实践了以加工业为主导的特色产业园区循环农业发展模式。

2. 模式特点

茶园种植采取"公司＋基地＋农户"和"公司＋合作社＋农户"的"订单式农业"模式，发展规模化茶园种植和资源循环利用生态农业。利用茶园进行生态养殖，生产优质无公害肉鸡，鸡粪作为茶园肥料。在低山丘陵区畜禽养殖集中的乡镇茶叶基地采用"茶—沼—畜"模式，修剪枝叶回园，低成本解决茶园有机肥问题。鲜叶采摘、黑毛茶初制加工由茶农主导完成。公司定点收购，进入深加工生产车间。通过现代化黑茶生产车间和高标准、高规格黑茶生产线，生产优质黑茶和黑茶衍生产品。目前，以黑茶产业为基础，黑茶深加工产业向品牌化和科技化方向发展。安化黑茶糕点、黑茶牙膏、黑茶饮料、黑茶火锅相继在市场出现。速溶黑茶、袋泡黑茶突破了传统观念，成为黑茶产业的改革之作。

由于园区茶企众多，茶园基地面积大，每年茶产品生产的下脚料、废料、茶沫、茶梗等剔料至少 5 万吨，几乎都是被倾倒烧毁。在当地政府支持下，园区引进黑茶产业循环化利用项目——茶类特色环保装饰材料及工艺品生产，以茶沫、茶梗、茶废料、边角料、茶副料为原料，通过深加工，生产具有茶类特色环保室内装饰材料和茶类特色工艺品，提高了茶类

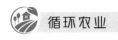

产品资源的附加值。启动白沙溪茶厂年产 2 000 吨黑茶副产品综合利用循环化改造项目,利用现有加工生产车间,在现有厂房基础上进行生产线改造,生产优质安化黑茶的同时,利用茶末、茶梗、茶籽、茶加工废料及三、四级毛茶,生产黑茶副产品。这样既解决了茶产业废弃物污染问题,又变废为宝,资源得到多级循环利用。

3. 运行机制

这是一个以农产品深加工为主导的园区循环农业发展模式。该循环系统涉及 3 个子系统。一个是茶园种植环节,林下、茶园间作套养,修枝剪叶回园,实现猪—沼—茶等农户小循环。一个是黑茶加工环节,企业承接茶园种植出来的毛茶,进行产品深加工,生产千两茶、百两茶、砖茶和茶饼等加工产品,同时利用黑茶散茶发酵培养金花菌。部分企业相互利用产品和副产品,开发生产倸王茶、桑香茶等组合茶和茶粉、茶包。与研发单位合作,进行黑茶啤酒和黑茶饮料等饮品、黑茶糖、黑茶烟、装饰品和保健品等新品研发。一个是副产品加工环节,生产、加工副产品不出园,重回生产车间,通过加工生产线改造处理一部分,另一部分集中统一回收,进入装饰材料压制、茶类工艺品制作生产线,加工成装饰材料和工艺品。企业在"变废为宝"的探索中,相互依存,资源共享,向精深加工转型,延伸产业链,提升产品附加值,已形成完整的再生资源产业链(图 4-12)。

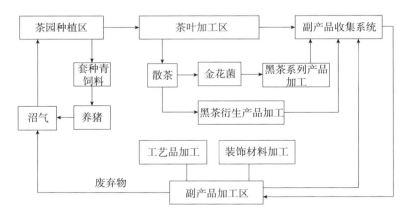

图 4-12　以加工业为主的专业园区循环模式

4. 经验分析

第一，省市县各级政府的高度重视，高起点打造一个引领整个湖南黑茶产业发展的"群平台"，形成专业化、规模化的黑茶生产加工基地、仓储交易基地、黑茶文化传承基地，在整体规划布局、论证审批、土地供给、政策资源、银行融资等提供全方位的贴身服务，给以最大限度地倾斜。

第二，立足优势资源和传统产业，山地海拔高坡度大，茶园种植面积大，茶叶加工企业尤其老字号茶企众多。益阳茶叶尤其安化茶叶品种上乘，安化云台山大茶叶是全国优良茶种。

第三，园区充分发挥产业聚集平台功能，精准招商、产业招商，将县内上百家大大小小的茶厂、茶企整合入园，让茶企在园区聚集，形成规模化的黑茶深加工产业链。同时实施补链招商，引进茶酒、茶机、茶具等企业，充分利用园区基础设施及管理服务，延伸黑茶产业链，提升茶产业效益。

第四，"小块茶园""林中有茶、茶中有林"的生态茶园是安化茶产业原料基地持续健康发展的有效途径。在茶园基地建设中，发挥地理环境优势，不机械追求茶园基地集中连片，不连片开垦，注重茶园生态化和茶叶高品质，保证原料绿色、环保、安全。

第五节 | 区域循环农业模式实例

区域实践模式是在一定区域范围内（村、乡、县、市），根据本区域资源环境特点，进行区域整体规划布局，以建立"一村一品""一乡一业"的特色产业为主导，使农业各产业之间、农业与非农产业之间形成产业循环的联合体，对农作物秸秆、人畜粪便等副产品进行综合利用，对生活垃圾等统一收集处理与资源化利用，形成农产品生产—产品加工—副产品综合利用与资源化处理为一体的生产方式。

一、传统种养型村级循环模式

1. 基本情况

大理坪村位于桃源县漳江镇近郊，处县境东中部。全村 14 个组、1 349 人，耕地面积 2 600 亩，其中水田 2 470 亩，是一个以棉花、水稻种植为主，生猪养殖为辅的传统农业村。该村农户分散经营，规模都不大。由于种养结构单一，村民收入一直徘徊不前。为改变这种状况，近年来，依托地处县城近郊的优势，发展生态农庄；利用作物秸秆资源丰富的优势，发展食用菌种植；配套实施沼气入户工程，全村封闭厌氧发酵化粪池 300 多个，污水净化处理池 40 个。通过多年的实践，探索形成了"棉—菌—肥""油—菌—肥""秸秆—基料—食用菌"为主的村级循环农业发展模式。

2. 模式特点

这是一种以村为单位、以传统农业生产为基础，在分析本村资源环境、产业结构及种养传统的基础上，对全村进行整体规划，确立了借外力、引外资，走产业化、生态化发展的路子。仍以棉花、油菜、水稻种植为主，引进桃源县嘉泰农业生物科技产业开发有限公司，在该村投资兴建食用菌种植基地，利用秸秆、棉籽壳、沼渣栽培食用菌，作为传统种养业的接口产业。同时，利用废弃菌筒、沼渣、粉碎打包的秸秆，生产有机肥。生产食用菌后的棉籽壳料渣又是一种取材方便、节本省工的棉花育苗基质材料。废弃物多次重复利用，延伸种植业产业链，带动产业循环，增加经济效益。

3. 运行机制

该村有常年种植棉花习惯，以往大量棉壳废弃或焚烧对环境造成了很大压力。该模式是以桃源县嘉泰农业生物科技产业开发有限公司为龙头，采用自愿入股方式吸纳农户，利用丰富的棉壳、木屑、稻草等农业废弃物生产食用菌，配套发展生猪养殖、沼气池建设，废弃菌筒和沼渣用作县百威有机肥厂生产有机肥的辅料，有机肥再返回大田用于棉花、水稻种植。同时，结合乡村清洁工程建设，大力推广秸秆切碎回收打捆一体机，秸秆直接还田面积极大提高。见图4-13。

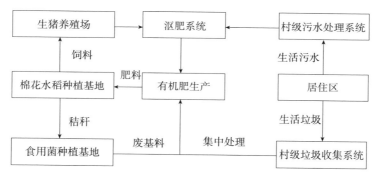

图4-13 传统种养型村级循环模式

4. 经验分析

一是有充足的原料来源，且化害为利，投资少、见效快。该村是一个纯农业村，有大量棉壳、棉秆及水稻秸秆，均可作为栽培食用菌的原材料，可谓取之不尽、用之不竭。

二是有标准化的规模栽培基地。采用庭院栽培与工厂化生产相结合，并由分散生产型逐步向规模生产型转变。全村近400户农户，可以说点多面广，生产操作上不利于技术指导，只有按照产业化发展要求，才有规模效益。

三是有强力带动作用的龙头企业。采取"龙头＋基地＋农户"的方式，与龙头企业签订合同，实行统一供种、统一技术指导、统一保护价

收购。

四是有较完善的社会服务组织体系。依托食用菌协会分散种植、集中销售，具体负责联系菌源、指导生产、服务销售。

二、产业融合型乡镇循环模式

1. 基本情况

杉山镇地处娄星区北部，是娄星区第一个建制镇，距娄底城区 10 千米，东接湘潭、北望长沙，是湖南 3＋5 城市群建设过程中娄底市对接融入长株潭的桥头堡。全镇总面积 66.38 千米^2，下辖 35 个建制村和 1 个居委会，总人口 4.32 万。镇域平均海拔 185 米，平地与丘岗地占 2/3。受采煤沉陷区影响，部分村庄尤其丘陵台地区域生态环境差，地下水位偏低，地表水渗漏严重。近年来，杉山镇加快推进农村一二三产业融合发展，全力打造适合本地发展的特色产业，以实际行动践行乡村振兴战略，取得了显著成效，经济、生态有了质的飞跃，2018 年被列入省级示范农业产业强镇。

2. 模式特点

按照整镇统一规划、整体推进原则，以蔬菜和花卉苗木产业为主导产业，确定核心区和辐射区各 10 个村。主抓五个方面建设：优质原料基地建设、加工物流能力建设、农旅一体化建设、多元化新型农业经营主体培育、农业支撑服务体系建设。农业产业突出创新、协调、绿色、开放、共享发展理念和模式，统筹布局生产、加工、物流、示范、服务等功能模块，完善一二三产业融合，形成了各具特色的优质特色种植业-特色养殖业-特色加工业-特色休闲农业的产业融合型循环模式。

3. 运行机制

乡村要振兴，产业发展是关键。该镇因地制宜，针对每个村生态及经济现状和资源特色，统筹招商引资。种植业，分别投资建设了宜东农林 2 000 亩花卉苗木基地、农联村 1 500 亩杨梅基地、奥达农业 240 亩四季水果基地、紫缘 240 亩和湘文 120 亩蔬菜基地、高坪村和小碧村 280 亩高效优质水稻种植基地、花溪村 300 亩食用玫瑰种植加工基地和 100 亩百草园基地、同安村 600 亩油茶林基地、杉山村 500 亩荷花种植加工基地、同安等5个村经果林基地。养殖业，通过强化农民合作社和龙头企业引领作用，培育多元化新型农业经营主体。在高坪村大力发展泥鳅、青蛙等特色养殖，成立合作社带动周边，并纳入产业扶贫。利用闲置场房扶持发展野猪养殖、肉牛养殖，发展荷花种植基地养龙虾、青蛙等。加工业，作为产业融合的重要接口，该镇引进娄底市瑞青春食品有限公司，新建食品加工生产流水线；娄底市大锦程芍药种植专业合作社（湘村万乐电商平台）建立油葵种植基地和榨油坊，建立仓储物流中转站；娄底市奥达农业科技股份有限公司，建立果蔬加工生产线；以及引进支持玫瑰、莲子、杨梅等生产加工。这样解决了种养户的产品销售问题，提升了农产品附加值。在有效保护和利用自然资源的基础上，因地制宜培育特色产业，利用城郊区位优势，带动了乡村特色旅游发展，初步实现了农村一二三产业融合发展（图4-14）。

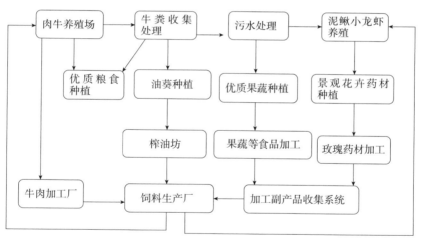

图4-14　产业融合型乡镇循环模式

三、产业互补型县级循环模式

这是一种区位优势和产业优势相结合的区域型循环农业发展模式。将区域内优势产业全面纳入区域社会循环经济系统，与区域社会经济融为一体。如湖南省邵阳市新宁县、郴州市宜章县、永州市道县等脐橙产业发展，在区域统筹规划下，通过物质、土地、水、能源、信息的集成，以及

各类资源的整合，有效解决了产业连接不紧和产业结合部生态盲点问题，构建了区域性产业互补型循环农业系统。以邵阳市新宁县脐橙产业发展为例说明。

1. 基本情况

新宁县是湖南省一个种养大县。全县建有 8 个乡镇连片的优质脐橙种植区，种植面积 25 万亩，年产值 3 亿元。在种植产区建有 18 个专业养殖区，养殖区沼气池 8 501 个，双孢菇种植面积 40 万米^2。猪、牛、羊、鹿等植食动物年出栏 100 万头，年产值 10 亿元。该县为全国柑橘优势产业带脐橙生产重点县，全国四大脐橙出口基地县之一，湖南养牛第一县、邵阳养鹿第一县。

2. 模式特点

依据区域布局优化与分工优化的原则，立足脐橙种植的传统资源优势，实施优势整合，"多村一品""多乡一品"。通过建立健全区域生态整合机制与产业互补共生机制，壮大了战略性、资源性大产业，实现了经济增长与生态保护的动态均衡。

3. 运行机制

以脐橙种植为主业，在脐橙主产区和养殖小区，利用养殖业的副产物发展沼气，利用沼液发展种植业，并加快改厕、改圈、改厨步伐，利用种植业副产品秸秆等发展双孢菇，种植业为养殖业提供饲料原料，养殖业为种植业提供肥料。种植业、畜牧业、加工业、林果业优势互补，综合发展（图 4-15）。

4. 经验分析

一是按照标准化生产，提高了产品市场竞争能力。新宁县是全国首批创建无公害水果示范基地县，按照基地县建设要求和脐橙无公害标准化生产技术规程组织生产。

二是新宁县成立了脐橙产业协会，并在脐橙主产乡镇设立了 9 个分会。脐橙产业协会的发展，改变了农村单家独户小生产的经营方式，成为基地与市场对接的桥梁和纽带，促进了新宁脐橙向规模化、标准化、专业化方向发展，同时提高了农民的组织化程度，提高了产品竞争能力，拓展了产业空间。

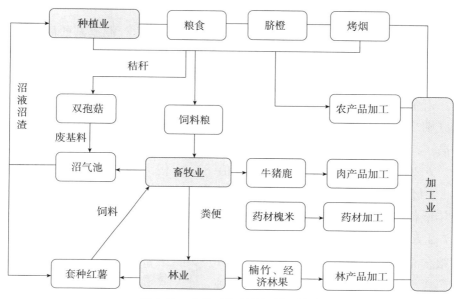

图 4-15　产业互补型县级循环模式

三是注重品牌效应，组织品牌开发。注册了"崀山牌"商标，并由脐橙产业协会牵头，统一印制"崀山牌"包装和标识。只有采用"崀山脐橙无公害生产技术规程"并经脐橙产业协会认可的脐橙产品才准使用"崀山牌"包装标识，从而使"崀山牌"脐橙树立了良好的市场形象，"崀山牌"脐橙获得"湖南名牌农产品"称号。

四、农工协同型市级循环模式

这是以区域大循环为目标的农业发展模式，是循环农业实现"点"（企业）与"面"（社会）结合，从而全面推进循环农业发展的有效途径。该模式是从循环经济理念出发，根据全市资源环境特点，进行整体布局优化与分工优化，在区域内通过原料、废弃物的互相交换建立生态产业链，组成若干个"资源—产品—再生资源"的反馈流程，实现区域内农业内部各产业之间的循环、农业与其延伸的农产品加工业之间的循环、农业与其他非农产业之间的循环及各企业群体之间的循环，从而达到资源利用的减量化、产品生产的再使用和废弃物的再利用的效果，最终实现整体社会经济增长和生态保护的动态均衡与协同发展。

1. 基本情况

常德市地处湖南省西北部，位于湘、鄂、渝边境，洞庭湖西侧。总土地面积 2 726.6 万亩，占全省土地总面积的 8.58%。其中，农用地2 174.8万亩，占全市土地总面积的 79.77%。全市现有耕地面积 759.2 万亩，占全市土地总面积的 27.84%，位列全省第一。该市大部分土地属于洞庭湖平原，土壤养分贮量丰富，土地肥沃，农产品种类繁多，土地利用率高。户籍总人口 604.2 万，其中乡村人口 406.1 万。

2020 年，全市农林牧渔业总产值 831.0 亿元，其中农业实现产值339.8 亿元，比上年增长 5.8%。农村居民人均可支配收入 17 957 元，比上年增长 8.9%。全市粮食作物种植面积 882.87 万亩，油料种植面积457.2 万亩，棉花种植面积 62.55 万亩，蔬菜种植面积 183.45 万亩。全年粮食总产量 372.4 万吨，棉花产量 5.5 万吨，油料产量 61.1 万吨，蔬菜产量 346.2 万吨，茶叶产量 2.8 万吨，水果产量 140.5 万吨。全市猪、牛、羊、禽出栏数分别为 384.8 万头、17.1 万头、185 万只、9 730 万羽。粮食播种面积和产量连续 17 年居全省第一，是全国重要的商品粮油和畜禽生产基地。全市有农产品加工企业5 886家，其中国省级龙头企业 97家，农产品加工转化率达 48%。

2. 模式特点

根据区域资源禀赋状况，进行统筹协调和资源整合，构建各产业之间和部门之间的耦合体系，谋求农业生态系统中各要素及其相关各系统之间、系统与外部之间的有序化与整体性持续运作，形成农、林、牧、渔各业相结合，一二三产业相结合的大区域、大循环经济系统。该模式重点在于以农业生产为基础，不断拉伸和拓展产业链，把在投入产出方面相关和互补的行业、企业安排在一起，建立高效物质能量循环与废物再利用工程，改造和完善区域产业和消费系统，使区域的经济活动主体向生态化方向转型。

3. 运行机制

一是农业资源的区域循环。通过整体规划，优化产业结构和产品结构，建立跨区域的资源层级利用关系，从而使各系统之间通过产品、中间产品和废弃物的交换与利用而相互衔接，形成一个比较完整的产业网络，使资源得到最佳配置、废弃物得到最有效利用、环境污染减少到最低水平。

二是农业资源的体内循环。从农业清洁生产抓起，把一种产品产生的废弃物变成另一种产品的原料，并根据不同对象建立水循环、原材料多级循环使用、节能和能源重复利用、三废控制和综合利用等良性循环体系，如种养业中秸秆喂牲畜—牲畜粪便产沼气—沼液还田、养鱼—养鱼水和沼渣进农田生产农作物—农作物秸秆饲养牲畜的体内循环。

三是农业资源的微循环。主要指建立和推广生态型家庭经济，其典型模式是以生物食物链为平台，组建以种养加和沼气为链条的微型循环经济，解决生产生活污染问题。见图 4-16。

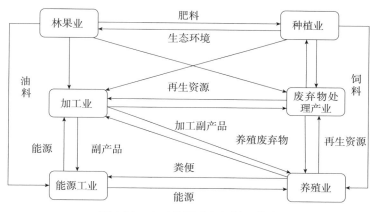

图 4-16 农工协同型市级循环模式

4. 经验分析

一是在结构上，进行统筹规划，突出优势与特色。充分整合区域内相关资源，调整优化区域内的产业结构和布局，科学设计、实施能充分发挥各自区域优势的循环农业模式，在多个领域、多个层次确定发展目标和建设重点，实现区域经济协调发展和整体效益最大。

二是在实施上，重点从产业链的构建和资源的节约与循环利用着手，着力打造粮油等五大循环农业产业链，突出节约消耗、清洁生产、资源综合利用、循环农业产业等重点领域。

三是在措施上，市党委政府高度重视和支持，有以主管市长为组长的

强有力领导小组，制定了较为完善的产业政策、财税政策、投资政策及政绩考核制度，为循环农业发展创造了良好发展环境。

（唐昆）

Chapter 5 —————

第五章

前景展望

　　党的十九大报告提出实施乡村振兴战略，强调坚持农业农村优先发展，推动农业产业转型升级。中共中央、国务院印发了《乡村振兴战略规划（2018—2022 年）》，提出：产业兴旺、生态宜居、乡风文明、治理有效、生活富裕的总要求，建立健全城乡融合发展体制机制和政策体系，加快推进农业农村现代化。乡村振兴，产业兴旺是重点，是解决农村一切问题的前提。产业要兴旺，新形势下必须加快转变农业发展方式，改变过去粗放型增长方式，实现质量兴农、效益兴农、绿色兴农、规模兴农。大力发展新时期循环农业，是实现一二三产业高度融合发展、推进乡村振兴战略的重要抓手。循环农业模式得以有效运行和发展，既需要科学构建内部运行机制，也离不开良好的外部激励机制支撑。本章着重介绍我国循环农业发展现状、面临的挑战、未来发展特点和趋势及对策措施。

第一节 | 发展趋势与特点

一、循环农业的发展趋势

我国循环农业发展总体思路是以贯彻落实习近平总书记关于做好"三农"工作的重要论述，按照党的十九大作出的战略部署，围绕实施乡村振兴战略，以保障粮食安全和重要农产品有效供给、促进农民增收、农业可持续发展为目标，以提高发展质量和效益为中心，推进农业供给侧结构性改革，推进农村一二三产业融合发展，着力构建循环农业产业体系、生产体系、经营体系，不断提升农业综合生产能力、市场竞争能力、可持续发展能力，走产出高效、产品安全、资源节约、环境友好的循环农业现代化发展道路。可以看出，我国循环农业将伴随着农业发展方式的全面转型，发展模式及经营组织方式也将发生深刻变革，各种以循环经济理念组织的新型循环农业模式不断涌现，并朝着多领域、多产业、多维度、多层次方向综合发展。

一是以规模农场为主的组织模式快速发展。中共中央办公厅、国务院办公厅印发了《关于加快构建政策体系培育新型农业经营主体的意见》，国家发展和改革委员会等七部委联合印发了《关于印发国家农村产业融合发展示范园创建工作方案的通知》，核心内容是要发展多种产业融合模式，构建现代农业产业体系，大力推动农村一二三产业融合发展。在各级政府扶植与指导下，土地经营模式正逐步向专业大户、家庭农场、合作农场、合作经营（农民专业合作社）等多种模式并存转变。其中多元化、集约化、现代化的家庭农场，必将成为循环农业发展的龙头，带动周边种养业及其他关联产业链的延伸和发展。

二是以休闲农庄为主的功能拓展模式快速发展。乡村振兴，生活富裕是根本、是目标。实现生活富裕是农民的基本向往。单纯依靠传统农业生产，广大农民很难摆脱贫困，走上富裕道路。特色休闲农庄作为休闲农业

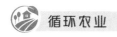

的一种形式，利用鲜明区域特色的人文、自然资源，发展农（林、牧、渔）家乐，融合农业、旅游、农产品加工及消费多种产业形态，实现一定区域范围内生产与生活消费层面的有效衔接，以及资源高效利用和综合效益提升。

三是以创意农业为主的新型园区模式快速发展。当前，为推进乡村振兴，加速农村一二三产业融合，集农产品生产、加工、流通、服务、观光等多种功能为一体的综合性农业产业园区快速发展，实现了农业产业链延伸、价值链拓展，生产、生活各环节有机衔接。未来，随着互联网和现代科技的高速发展、消费需求的不断升级，创意农业将是现代农业园区的发展趋势。创意农业是农业产业与美学经济、创意经济的跨界融合，既是循环农业发展理念的创新，也是农业生产方式、生活方式、消费方式、旅游方式和发展方式的转变，是推进循环农业产业链从低端到高端提升的有效途径，也必将成为现代循环农业建设的新视角和新趋势（章继刚，2018）。

四是以特色小镇为主的区域发展模式快速发展。农业特色小镇是立足农业主题，以本地特色农业产业为依托，发挥各地的资源禀赋、比较优势、独特魅力，通过发展"一村一品""一乡一业"式特色农业产业，培育特色专业村、专业镇，结合绿色生态、美丽宜居、民俗文化等特征，形成特色产业与小城镇建设有机结合，一二三产业深度融合发展的新兴产业小镇。2019年，湖南公布首批农业特色小镇，共10个，包括浏阳花木、安化黑茶、新宁脐橙、炎陵黄桃、靖州杨梅等。两年多来，农业特色小镇不断做强主导产业，带动农民融入产业链增收，为推进乡村振兴源源不断注入新的动力。农业特色小镇将成为农业经济发展的新引擎，成为区域循环农业发展的重要趋势之一。

二、循环农业的发展特点

随着强农惠农富农政策力度的持续加大，农村土地制度、产权制度、农业经营体系等重点领域和关键环节改革向纵深推进，支撑循环农业发展的物质基础和政策条件更加牢固。当前和今后一个时期，循环农业将呈现如下发展特点：

一是区域化。循环农业发展模式由单个农户、单个企业内部小循环，向更大规模的区域大循环方向发展。在生产层面，以区域如村、乡镇、县甚至省为整体单元，按照循环经济理论，将区域内农业、工业、服务业、静脉产业等农业内部产业及其关联产业，通过科学规划合理布局和配置资源，实现全区域的资源循环利用和产业共生共赢。同时，在消费层面，实行垃圾分类、节约和清洁生活，生活废弃物作为生产原料、燃料进行资源化利用，再生水用于农业浇灌，推动生产系统和生活系统能源共享。

二是规模化。中央高度重视发展适度规模经营，多年来制定了一系列政策措施。党的十八大明确指出，坚持和完善农村基本经营制度，发展多种形式规模经营构建集约化、专业化、组织化、社会化相结合的新型农业经营体系。2021年中央1号文件明确提出要发展多种形式适度规模经营。适度规模经营是生产力发展的内在要求，是农业生产经营主体发展循环农业的基础。只有具备一定规模，才能产生规模效应。也只有废弃物排放达到一定规模的时候，才有进行资源化利用的价值和可能。如果企业规模很小，循环利用资源的规模达不到成本最小化，与利用新的资源相比没有经济优势，企业就没有实施资源及废弃物资源化的经济动力。比如中小企业产生的各种废弃物，由于废弃物量不足以达到规模化处理的最小规模，内部独立循环利用资源在经济上就没有可行性（李云燕，2008）。因此，规模化经营将会成为一种不可阻挡的潮流。

三是产业化。产业兴旺是解决农村一切问题的前提，新形势下推动农业产业转型升级成为发展循环农业的核心任务。循环农业的最基本特征就是在主产业链上向前向后延伸，实现闭环循环发展。只有将种植业、养殖业、加工业连接起来，对农业和农村经济实行区域化布局、专业化生产、一体化经营、社会化服务和企业化管理，形成贸工农一体化、产加销一条龙的经营方式和产业组织形式，才能有效提高循环农业综合效益。千方百计拉长产业链，努力构建从生产起点到消费终端的完整产业链条，是我国循环农业未来发展的方向。随着农业产业化的向前推进，一些产业组合更多、产业链条更长、结构更复杂的循环农业产业化模式将在实践中涌现（黄国勤，2015）。

四是智能化。党的十九大报告提出，深化供给侧结构性改革，推动互联网、大数据、人工智能和实体经济深度融合，在多个领域培育新增长

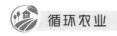

点、形成新动能。现代科技正迅速向农业生产、加工等领域渗透，科技进步日益成为农业发展的主要动因。随着大数据、云计算和人工智能技术的进步，以植保无人机、采摘机器人及物联网、现代生物技术、新能源技术和高效农业装备等先进技术为支撑的现代循环农业，符合当前我国经济和农业产业发展的基本现状，这也是世界农业、世界经济和社会发展的基本趋势。

五是多样化。未来我国循环农业具有高度的规模化、产业化、市场化，并形成产加销、产研教、农工贸的一体化。一方面模式的多样化。我国不同地区自然条件和社会经济条件差异很大，环境条件的制约、可持续发展的综合承载能力也不同，产业化程度和产业及城镇的空间分布非均衡性特点明显，必然形成多样化的循环农业类型和模式，并在一定时期内同时存在。另一方面功能的多样化。随着市场需求和居民消费升级，人们对农业的需求更多趋于个性化、高端化和独特化的农产品供给，以及生态环境、休闲观光、农耕传承、绿色文化、科普教育等功能需求。作为现代农业重要的发展形式，循环农业必然向农业的多功能延伸。

六是标准化。农业标准化是先进生产力在现代农业中的具体表现。它是指通过不断调查、探索、发掘农业生产实践的规律，运用统一、简化、协调、优选原则，对农业生产产前、产中、产后全过程，制定和实施标准，推广科学生产操作规范，促使农业向专业化大生产发展。现代农业不仅要求农产品品种标准化、农业生产技术标准化、农业生产管理标准化，还要求农业市场规范化、农村经济信息建设标准化。实现农业标准化，按标准组织生产，同时按标准规范农产品的生产行为，将成为我国现代循环农业建设可选择的道路（沈志勇，2012）。

第二节| 面临挑战与机遇

回顾近 40 年来的发展历程，在改革开放后相当长的一段时间，我国沿用了"大量生产、大量消费、大量废弃"的传统工业文明发展模式。这种模式促使我国仅用三四十年时间就走完了西方国家用了两百年才能走完的路，经济和社会发展取得了举世瞩目的成就，但也带来了资源枯竭、垃圾围城、水土污染、雾霾频发等突出的资源环境问题。面对日益严峻的资源环境约束，必须摒弃传统工业文明发展模式，探索新的发展路径。在此背景下，循环经济概念于 20 世纪 90 年代末被各界广泛认同，并进一步上升为国家发展战略。

一、先行先试，总结经验

在政策法规的层面上，我国先后于 2005 年印发《关于加快发展循环经济的若干意见》，2009 年颁布实施了《中华人民共和国循环经济促进法》，2013 年颁布了《循环经济发展战略及近期行动计划》，2017 年印发了《循环发展引领行动》。在相关法规、政策和规划推动下，我国循环经济发展取得了显著成效。伴随着工业领域的循环经济发展，农业领域也开展了广泛而深入的理论研究和实践探索。

在科研实践上，陈德敏等（2002）在总结农业发展趋势和国际农业发展潮流基础上，提出要在生态农业的基础上走循环经济的道路。2004 年以后，有学者先后提出了循环型农业经济、循环型农业、农业循环经济、循环农业的概念。关于循环农业概念和内涵的研究和解释不断出现，学者们开始从不同角度探讨如何发展循环农业，都取得了不少研究成果。一方面用循环经济原理总结、提升已有生态农业模式；另一方面在国家政策支持和农业部门大力推动下，多层面自发发展循环农业。2007 年，农业部在全国 10 个市州开展循环农业试点，湖南常德市被列为 10 个试点市州之一，进一步加快了理论和实践探索步伐，进入实质性试点阶段，探索总结

了不少成功经验。

一是逐步树立了发展理念。国家把发展循环经济作为一项重大任务纳入国民经济和社会发展规划，要求按照减量化、再利用、资源化，减量化优先的原则，推进生产、流通、消费各环节循环经济发展。"绿水青山就是金山银山"的发展理念，已经深入各行各业。各级党委政府和农业农村部门，将发展循环农业放在大力推进农业现代化、加快转变农业发展方式的突出位置，统筹产业布局，着力推动产业要素优化组合，注重培育耦合共生的产业集群，为循环农业发展奠定了坚实的发展基础。

二是初步形成了制度框架。国家先后出台了《中华人民共和国循环经济促进法》《中华人民共和国清洁生产促进法》《畜禽规模养殖污染防治条例》等法律法规和政策，实行最严格的耕地保护制度和节约用地制度、最严格的水资源管理制度和草原生态保护补助奖励制度，实行良种、农机具、农资、节水灌溉等补贴。全国 20 多个省份出台了农业生态环境保护规章，10 多个省份出台了耕地质量保护规章、农村可再生能源规章。农业资源与环境保护法制建设不断加强，制度不断完善（韩长赋，2015）。

三是大力加强了规划引导。农业部会同有关部门先后印发了《全国农业可持续发展规划（2015—2030 年）》《农业环境突出问题治理总体规划（2014—2018 年）》，2015 年农业部出台了《关于打好农业面源污染防治攻坚战的实施意见》，大力发展生态循环农业。湖南省制定了《关于深入推进农业"百千万"工程促进产业兴旺的意见》（湘政发〔2018〕3 号）和《关于创建省级农村一二三产业融合发展示范县和农业产业强镇工作（2018—2020 年）的通知》（湘农联〔2018〕109 号），要求加快发展循环农业，推进农村一二三产业融合发展。

四是创新开展了试点示范。自 20 世纪 80 年代以来，农业农村部先后两批建成国家级生态农业示范县 100 余个，带动省级生态农业示范县 500 多个，探索形成了"猪-沼-果"、稻鱼共生、林果间作等一大批生态农业典型模式。近年来，在全国相继支持 2 个生态循环农业试点省、10 个循环农业示范市、283 个国家现代农业示范区和 1 100 个美丽乡村建设，初步形成省、市（县）、乡、村、基地五级生态循环农业示范带动体系，为现代循环农业发展积累了宝贵的理论和实践经验，有助于推动循环农业在继承中创新发展。

五是不断增强了技术支撑。国务院发布《关于印发循环经济发展战略及近期行动计划的通知》，循环经济技术列入了国家中长期科技发展规划，支持了一批关键共性技术研发。坚持以科技创新为引领，加强了对企业开展农业科技研发的引导扶持，使企业成为技术创新和应用的主体，激发农业科技创新活力，在生物育种、智能农业、农机装备、生态环保等领域取得了重大突破。一大批农业面源污染治理技术、废物利用技术、清洁生产技术、现代农业生物技术及信息化技术等得到有效应用和发展。

六是显著推进了产业融合。随着制度改革向纵深推进，城乡统一市场体系不断形成，市场配置资源的决定性作用进一步发挥，以技术、资本为代表的现代生产要素、新的商业模式和业态，不断向农村渗透，带来农业生产方式和组织方式的深刻变革。同时，城市人口增加和农产品消费结构升级，推动了农业功能拓展和农业产业链条不断延伸（蓝海涛等，2016）。

二、农业发展面临挑战

"十二五"以来，中共中央、国务院不断加大强农惠农富农政策力度，带领广大农民群众凝心聚力、奋发进取，农业现代化建设取得了巨大成绩，综合生产能力迈上新台阶，为循环农业发展积累了大推进、大发展的基础条件。"十四五"时期是全面建成小康社会、实现第一个百年奋斗目标之后，乘势而上全面建设社会主义现代化的开局起步期。党的十九届五中全会强调，没有农业的现代化就没有国家的现代化。农业现代化与工业化、信息化、城镇化同步发展要求将更加紧迫，农业发展内外部环境更加错综复杂。发展循环农业，必须立足国情、省情、农情，顺应时代要求，走出一条中国特色新型农业发展之路。

一是稳生产保供给难度加大。"保供给、保增收、保生态"，是"十四五"乃至今后很长一段时期农业农村工作的重点。其中，保供给是"三保"的基础，"手中有粮，心中不慌"已成我们的共识。在居民消费结构升级背景下，部分农产品供求结构性失衡问题日益凸显。优质化、多样化、专用化农产品发展相对滞后，大豆供需缺口进一步扩大，玉米增产超过了需求增长，部分农产品库存过多，确保供给总量与结构平衡的难度加大。国家

出台农业补贴政策，目的是鼓励农民多种粮，主要保障农产品供给，兼顾稳定农民收入。"三保"虽可兼顾但也有冲突，发展循环农业需要尽可能减少资源消耗，到 2030 年左右我国人口达到峰值，农产品需求量比现在还要增长，保供给压力更大。同时，循环农业需要延伸农业产业链条，拓展农业非生产性功能，也必然在一定程度上影响到保供给（梅旭荣，2015）。

二是资源环境约束仍然趋紧。中国的农业现状，是以占世界不到 10% 的耕地，用了占 6% 的淡水资源，生产了世界 25% 的粮食，养活了近 20% 的人口。辉煌的成绩背后，是传统农业生产方式带来了资源短缺、生态破坏和环境污染等突出问题。我国人均耕地面积仅有 1.2 亩，只及世界人均耕地的 32%、美国的 10%、法国的 28.5%、加拿大的 4.8%、澳大利亚的 3%（马云华，2019）。耕地复种指数高，资源利用强度大，耕地质量呈下降趋势，农业面源污染加重趋势没有根本改变，农业资源与生态保护和建设任务艰巨。因此，我国农业发展，必须立足基本国情，选择适合的农业发展模式，通过发展循环农业，解决农业发展的瓶颈，推进传统农业向现代化农业的转变。

三是农业生产成本持续攀升。劳动力、土地租金、农机和融资成本等持续攀升，农业比较效益持续下降，农业生产经营进入高投入、高成本阶段。同时，农业生产经营风险明显加大，受自然风险和市场风险双重考验。近年来，农业极端天气灾害和重大动植物疫病频繁发生，且多具突发性强、传播速度快、影响范围广、危害深度大，甚至多灾并发特点。新型农业经营主体由于农业生产经营规模较大，承受的自然风险和市场风险明显增加。部分新型农业经营主体投资回收难度剧增，投资热情极大下降。与单个农户相比，由于其农业生产经营的专业化、规模化、集约化水平高得多，新型农业经营主体农业生产经营风险的集中化程度也要高得多。加上目前还没有形成长效激励机制，吸引各类经营主体投资农业领域，极大制约了循环农业发展。

四是农业规模经营任重道远。适度规模经营，构建集约化、专业化、组织化、社会化相结合的新型农业经营体系，是循环农业发展的必要条件和必然趋势。当前，土地集中度不高，尽管近几年土地流转面积增加，但并没有明显改善中国农业的小农生产状况。农民组织化程度低，近年来我国农民专业合作组织、新型农业经营主体快速发展，但从总体上看，我国农民合作社、规模经营主体数量少、体量小、质量差、带动力不强的现实还没有根本改变。农产品加工转化不够，产业融合不够，产业链条不长，知名品牌少，市场竞争力弱。

五是科技支撑能力仍然不强。先进可行的农业技术是循环农业得以创建和发展的关键。循环农业的支撑技术重点包括农业资源节约和综合利用技术、清洁生产技术、农业废物再生利用技术、农业产业链延伸技术、生物质能源开发利用技术及机械化、信息化等高新技术。当前，农业科技创新缺少重大突破性成果，科研与生产衔接不紧，新技术转化应用不足，科技支撑引领作用不强。农业信息化水平不高，产业各环节信息化连接不紧。农业机械化水平仍然较低，农机化发展在区域、领域、环节上不平衡，装备结构不优，农机农艺融合不紧。

六是法规制度体系远未形成。受循环经济发展水平和立法水平制约，循环农业的法制建设还存在着大量空白，有关循环农业的原理、技术、模式等内容散见于部分法规制度中。如《中华人民共和国循环经济促进法》于 2009 年 1 月 1 日起实施，2018 年 10 月 26 日第十三届全国人民代表大会常务委员会第六次会议进行了修订。该法提出了循环经济的相关原理、基本制度和激励措施等，在第二十四条，提到了发展"生态农业"的相关规定。2012 年修正的《中华人民共和国清洁生产促进法》是对各级政府、有关部门、生产和服务企业推行清洁生产的综合性法规，未专门涉及农业方面的清洁生产。总体来说，有关循环农业的立法不仅种类有限、覆盖面窄，而且涉及内容零散、数量少、可操作性差，远没有形成完整系统的循环农业法律体系，无法适应循环农业发展要求，难以保障循环农业持续、健康发展。

三、创新驱动，抓住机遇

当前，正处在世界百年未有之大变局，世界经济处于动荡、重组之际，这对世界农业影响尤为深刻。特别是对我国农业的发展，既带来了挑战，更带来了机遇。因此，要在管理上创新，发挥制度优势；要在技术上创新，发挥效益优势；要在危机中抢先机，在变局中开新局。

一是发展共识更加凝聚。中共中央、国务院始终坚持把解决好"三农"问题作为全部工作的重中之重,加快补齐农业现代化短板成为全党和全社会的共识,为加快推进循环农业发展新局面汇聚了强大推动力。

二是外部拉动更加强劲。党的十八大提出坚持走工业化、信息化、城镇化、农业现代化同步发展道路。当前,新型工业化、信息化、城镇化快速推进,城乡共同发展新格局加快建立,新时代"四化"发展呈现新特征,为推进循环农业发展提供强劲拉动力。

三是转型基础更加坚实。农业基础设施加快改善,农产品供给充裕,农民发展规模经营主动性不断增强,农业现代化建设加快推进,"四化"短腿逐步补齐,为发展循环农业提供坚实基础条件。

四是市场空间更加广阔。人口数量继续增长,个性化、多样化、优质化的农产品需求持续增强,农业多种功能需求潜力巨大,为拓展农业农村发展空间增添巨大带动力。

五是创新驱动更加有力。农村改革持续推进,新一轮科技革命和产业革命蓄势待发,农业经营新主体、新技术、新产品、新业态不断涌现,新兴产业蓬勃发展,为农业转型升级注入强劲驱动力。

第三节| 循环农业发展对策

我国在发展循环农业、推动农业资源节约和综合利用、加速农村一二三产业融合、提升农业资源利用率和农业效益等方面，取得了显著成效。现代农业的整体水平在持续提升，农民收入持续增速，而且新农村建设的强度和力度前所未有，产业扶贫规模和成果不断创造奇迹。但是必须清醒认识到，传统的高消耗、高排放、低效率的粗放型农业经济增长方式并没有发生根本性转变，我国循环农业总体发展水平仍处于探索引导阶段。当前，我国正处于工业化、城镇化与农业现代化加速发展阶段，快速的经济增长是要付出生态代价的。因此，推进乡村振兴战略，加快一二三产业融合发展，更需要在遵循循环经济理念的"3R"原则前提下，发展现代循环农业。由于经济发展阶段不同，循环农业发展的基础和条件都不尽相同，也就是说，时代不同，循环农业发展思路、模式、措施都会发生变化，需要与时俱进，不断探索和实践。

一、总体思路

新时期发展循环农业，总体思路是认真贯彻落实党的十九大精神和中共中央、国务院关于生态文明建设的决策部署，以大力推进农业现代化为总目标，以实施乡村振兴战略、加快转变农业发展方式为主线，把产业发展作为关键，把龙头企业和新型主体培育作为重中之重，把特色优质作为主攻方向，把特色小镇、特色园区、特色农庄作为重要抓手，通过构建现代循环农业产业体系、生产体系、经营体系，完善循环农业保障体系，实现农业资源利用节约化、生产过程清洁化、产业链条生态化、废弃物利用资源化、产品优质多元化，农业农村经济、生态、社会效益有机统一，持续协调发展。

发展循环农业必须坚持生态优先、资源为重、产业依托、科技创新、注重效益的原则。

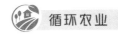

一是生态优先的原则。现代农业的发展瓶颈，不是效率问题，即不是农业产出效率太低；也不是效益问题，即不是生产成本偏高；而是人与生态环境可持续协调发展的问题。

二是资源为重的原则。无论资源是可再生还是不可再生，循环农业的资源投入更要实行"减量化、再利用、再循环"的原则，这样既能节约资源，还能降低成本，更能减少资源污染。

三是产业依托的原则。发展循环农业要坚持依托相应产业，不仅要拓宽范围，还要扩大规模，更要开拓新的业态，推动供给侧结构性改革，推动传统农业向现代农业的飞跃。

四是科技创新的原则。循环农业是现代农业的一个重要组成部分，现代农业的灵魂就在于科技创新；而现代农业的科技创新也要根据循环农业的特征特点和规律，从而推动循环农业的发展。

五是注重效益的原则。循环农业的发展既要注重生态效益，也要注重社会效益，还要注重经济效益；生态环境效益是灵魂，社会效益是骨架，经济效益是血液，一个也不能少。

二、发展重点

不论循环农业系统及功能单元大小、层次高低，也就是不管是一个企业、一个园区还是一个村庄或乡镇或县域，发展现代循环农业，一定离不开循环农业的 4 个典型特征：循环农业是一种资源节约和高效利用的农业，循环农业是一种高产业关联度的产业链延伸型农业，循环农业是高新技术广泛应用的农业，循环农业是经济效益与生态效益显著的农业。

一是着力产业体系构建。产业链是区域循环农业发展的基本框架和重点内容。长期以来，我国农业发展存在产业链窄而短、产业链脱节、链接不畅、产业链组织化程度低等问题，因此要发展循环农业，必须进行产业链的构建或重建。农业产业链的构建要求在对规划区域的主导产业、优势产业和支柱产业的分析研究基础上，进行产业链的纵向延伸与横向拓展，实现不同产业的对接。筛选适合于区域发展的支柱产业和主导产业，提出需要拓展和补充的关联产业，包括各种服务产业，如物流产业、信息服务产业等，以及与周边地区相对接的产业门类，构建一二三产业联动发展的现代循环农业产业体系。要特别注意加强动脉产业和静脉产业之间的有机配置。

二是着力主导产业培植。主导产业一定具备以下三个特征：第一，它是建立在大规模生产和广泛的商品交换基础之上的专业化、社会化、商品化程度较高的产业，即一定具备较大规模和专业化、商品化程度；第二，有较大资源优势和开发潜力、经济效益高的产业；第三，能带动地方产业和经济全面发展的产业，有带动性和导向性。主导产业一旦形成，在一个时期内将成为一定区域的支柱产业。也就是说，主导产业具备：占有本地资源优势、能大规模专业化生产；市场需求旺盛，开发潜力大；产业关联力强，能带动产业结构调整、产业集群发展；科技含量较高，能推动农业由劳动密集向技术集约转变；符合国家产业政策，符合整体规划布局。

三是着力运行机制建立。循环农业发展的主体是各类农业龙头企业（农业经营主体）带动千家万户农民。农业经营主体与其他行业有着重大区别，因此生产经营的组织机制是循环农业发展成功的关键因素之一。企业内部的循环可以依据"公司＋农户"的模式，或者依据"合作组织＋农户"的形式来组织运行循环农业发展模式。但整个循环农业系统是一个涉及多个环节、众多主体和活动类型的综合体，除了单个企业、单个产业、单个基地内部的清洁生产和物质循环，还有与相关产业的企业以产品、技术、资本等为纽带的关系链，如种植业、养殖业与加工业、废弃物产业（静脉产业），以及与物流、信息、进出口、旅游、会展等循环对接。与不同行业不同产业的关联和耦合程度，决定循环农业是否有效运行。

四是着力经营规模提升。推进农业规模化、集约化经营是转变农业发展方式、建设现代循环农业的"牛鼻子"，也是实现循环农业有效发展的必由之路。实现适度规模经营，才便于生产经营管理，利于发展区域特色产业，形成区域品牌，增强核心竞争力。同时，由于循环农业是清洁生产与废弃资源再生利用的结合，清洁生产可以通过政府出台一些强制性法律法规在各行业中逐步推行。然而如何有效实现废弃资源循环再利用，则不是靠政府单方面推动能解决的。只有生产经营达到适度规模，才能产生规模效益。如果产生的废弃物的量不足以达到规模化处理的最小规模，在经济上就没有可行性。也就是说废弃资源的再生处理成本不能大于再生利用

的收益。比如养殖几头猪，修建和维护一个沼气池的费用，高于利用沼气池的收益，就没有建沼气池的必要。

三、政策保障

循环农业突破了农业与其他产业之间的界限，是一种新型先进的农业经济形态，是经济、技术、资源、环境和社会相互作用的系统工程。要保证我国循环农业发展模式从 20 世纪 80 年代的农户、企业内部小循环，通过发展以循环农业理念组织生产的现代农庄、生态园区、特色小镇等建设，最终实现整个社会大循环，就必须从系统角度出发，进行统筹规划，多方持续发力，形成发展循环农业的持续推力。

由于循环农业是按照生态学和经济学原理实施的一种新型农业经济发展模式，其运行和发展既要符合生态规律，又必须符合市场经济规律。是否有效运行和良性发展，无外乎内外两方面发力，内力——内部动力，市场机制；外力——外部推力，政府作用。以政府宏观调控为主导，通过建立完善法律法规、制定政策、完善制度等手段，引导社会经济向着循环经济方向发展，并且通过建立相关准入标准等措施，规制企业或生产经营主体运行。因此，政府的宏观调控是推动循环农业良性发展的根本推动力。

一是加快法制建设。法律制度是各种制度中约束力最强的制度。德国是世界上最早开展循环经济立法的国家，正是由于制定了健全的循环经济法律法规体系，德国才成为世界上发展循环经济较为成功的国家之一。日本也是基于较完善的循环经济法律保障制度，才逐步实现了以清洁生产和资源节约与高效利用为目标的循环型社会。借鉴和吸取德国、日本等发达国家循环经济立法的成功经验，推动整个社会循环经济立法和农业相关法律法规完善。一方面，制定完善相关法规时，充分考虑发展循环农业。将循环农业发展理念融入国家《中华人民共和国环境保护法》《中华人民共和国森林法》《中华人民共和国水污染防治法》《中华人民共和国草原法》《中华人民共和国水土保持法》《中华人民共和国基本农田保护法》等有关法律法规中（刘荣章等，2007），同时推进地方立法工作。增加符合循环农业发展的原则和措施，修改不适应循环农业发展的内容。另一方面，用循环经济和循环农业的理念，制定和实施促进发展循环农业的综合性法律，以及节水节地、节肥节药、废弃物资源化利用和清洁生产等专项法规、规章，研究建立生产者责任延伸制度，明确决策者、生产者、销售者、使用者和处理者等各参与主体的责权和义务，规定相应制裁措施，建立全方位、多层次、从中央到地方完善的循环农业法制体系，发挥法律的促进、调节和规范作用，科学、合理调整人们在保护、管理和改善农业环境、开发利用农业资源，以及预防环境污染和生态破坏活动中所产生的社会关系，保障循环农业各环节都有法可依、健康有序发展。

二是加强规划布局。鉴于循环农业的宏观性和战略性，应基于宏观角度做出全国循环农业发展总体思路和中长期规划，突出重点地区、重点产业、重点技术。以总体规划为前提，结合各地农业发展规划、产业规划、基础设施规划、环境保护规划等专项规划，因地制宜进行区域循环农业发展规划。在规划中，应按照循环农业的基本理念，明确发展方向、目标、重点和措施，找准工作切入点，有计划分步骤地推进。企业（经营主体）、园区及村镇、县市等各层次在遵循总体规划的基础上，按照本章前面所述的思路，做好相应的循环农业发展规划。思路和布局上，注重主导产业选择、静脉产业及关联产业引进与配置，以构建城乡统筹发展、一二三产业互动延伸和整合、形成资源高效循环利用的产业链为核心，这是确保循环农业良序运行和发展的重要环节。

三是完善政策体系。制定完善促进循环农业发展的价格政策、税收政策、产业政策等。研究利用价格机制、绿色税收、绿色审计、财政投入和信贷、生态补偿、环境资源有偿使用等经济手段，调节和影响经济主体行为。鼓励引导金融资本、社会资本投入循环农业领域，构建多元化投入机制。调整和完善有利于促进农业废弃物资源回收再生利用的税收政策，对废弃物资源化产业和无害化产业提供政策优惠和财政支持。建立循环农业评价指标体系和评价考核制度，推动循环农业规范化、标准化发展（李云燕，2008）。

四是强化科技驱动。围绕强化现代科技支撑，政府应鼓励和支持循环农业新技术、新工艺、新设备的引进、研发和推广应用。加快形成集产地环境、生产过程、产品质量、加工包装、废物利用、经营服务等于一体的标准体系。重点加强新型生物农业技术、资源节约与高效利用技术、农业

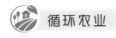

投入品减量控害技术、畜禽粪便等废弃物无害化处置和资源化利用技术、农副产品精深加工技术，以及产业链延伸和相关产业关联技术、信息化及现代管理技术等方面的技术攻关。积极推进传统实用技术与现代信息工程技术、生物工程技术、环境工程技术等有机结合。鼓励和支持以科技示范基地、农技推广项目为载体，开展循环农业技术的试验、示范，总结推广成功做法和有效模式。加快建立循环农业技术标准体系，制定相应产业标准、生产或工艺标准、产品标准，把循环农业产前、产中、产后全过程纳入标准化建设和发展轨道。

五是创新示范引导。坚持试点先行，以点带面推进示范带动体系建设，加快循环农业发展。着力开展循环农业示范乡镇、示范村场建设，构筑区域大循环模式；结合现代农业园区和农业生产功能区建设，建成现代循环农业示范园区，形成园区中循环模式；结合区域总体规划、自然地理条件、基础设施现状、农业旅游资源等，依托农产品生产、加工基地和家庭农场，围绕资源集约、清洁生产、废物利用、优质产品，形成集科技创新、休闲观光、种养结合为一体的循环企业、生态农庄等小循环模式。通过各类各层次循环农业试点示范，探索循环农业发展模式和技术，辐射带动循环农业的区域大发展。

六是提升发展理念。循环农业是涉及整个社会的巨大工程，具有一定复杂性、艰巨性和长期性。发展循环农业必须改变传统农业的发展理念和发展模式，把循环经济理论、可持续发展理论和科学发展观落实到农业生产实践中去。为此，各级政府、各有关部门要组织开展形式多样的宣传教育和培训活动，提高全社会尤其广大农民、农业经营主体对发展循环农业重要作用的认识，倡导树立三大理念。即树立可持续发展理念，既要考虑当前需要，又要考虑未来需要，节约利用资源与保护环境相结合；树立绿色生产理念，引导农户和处于循环农业产业链上的企业及相关职能部门等生产经营和管理者，转变传统线性经济增长方式，以循环经济理念指导生产经营活动；倡导绿色消费观念，适度消费，注重节约，抵制过度包装浪费，注重对垃圾的处置，不污染环境，唤起全社会对绿色消费的重视和参与。

综观我国循环农业发展历史进程，从总体上说，时间并不长，还没有形成系统的典型模式和完善的法律规范体系。但在管理上，国家出台了发展循环经济和循环农业的相关政策和法律制度。在理论方面，无数专家学者数十年对循环经济、可持续发展等方面进行深入研究，其理论内容已经极为丰富。各地区结合自身资源优势、发展水平等大力推进不同层次的试点示范，获得了成功经验，形成了一大批可示范推广的循环农业发展模式和适用技术。在国家重视支持下，各级政府及相关部门大力推进下，符合现代农业发展要求、具有中国特色的循环农业发展模式将成为有效解决"三农"问题、推进和实现乡村振兴的战略选择和核心模式。

（唐昆）

陈德敏，王文献，2002. 循环农业——中国未来农业的发展模式［J］. 经济师（11）：8-9.

陈永根，周传斌，朱慧芳，等，2015. 发达地区农村固体废弃物管理与资源化策略［J］. 浙江农林大学学报，32（6）：940-946.

陈玉华，田富洋，闫银发，等，2018. 农作物秸秆综合利用的现状、存在问题及发展建议［J］. 中国农机化学报，39（2）：67-73.

戴飞，韩正晟，张克平，等，2011. 我国机械化秸秆还田联合作业机的现状与发展［J］. 中国农机化（6）：42-45，37.

董红敏，左玲玲，魏莎，等，2019. 建立畜禽废弃物养分管理制度促进种养结合绿色发展［J］. 中国科学院院刊，34（2）：180-189.

付允，2010. 循环经济标准化模式的理论探讨［EB］. 科学网（12-22）.

高旺盛，陈源泉，隋鹏，2015. 循环农业理论与研究方法［M］. 北京：中国农业大学出版社.

韩长赋，2015. 大力发展生态循环农业［EB/OL］.（2015-11-26）［2021-05-10］. http：// cpc. people. com. cn/n/2015/1126/c64102-27859455. html.

呼和涛力，袁浩然，刘晓风，等，2017. 我国农村废弃物分类资源化利用战略研究［J］. 中国工程科学，19（4）：103-108.

贺卫华，2010. 河南省农业生态环境承载力分析［J］. 学习论坛，26（7）：38-40.

湖南省统计局，国家统计局湖南调查总队，2018. 湖南统计年鉴 2018［M］. 北京：中国统计出版社.

黄国勤，2015. 循环农业理论与实践［M］. 北京：中国环境出版社.

简敏菲，高凯芳，余厚平，2016. 不同裂解温度对水稻秸秆制备生物炭及其特性的影响［J］. 环境科学学报，36（5）：1757-1765.

蓝海涛，王为农，2016. "十三五"我国现代农业发展趋势及任务［EB/OL］.（2016-06-07）［2021-05-10］. http：//theory. people. com. cn/n1/2016/0607/c83865-28417800.

李方园，2018. 我国农业水土环境问题及其措施［J］. 科学论坛（18）：760.

李云燕，2008. 循环经济运行机制——市场机制与政府行为［M］. 北京：科学出版社.

梁吉义，2016. 绿色低碳循环农业 ［M］. 北京：中国环境出版社 .

林育真，赵彦修，2013. 生态与生物多样性 ［M］. 济南：山东科学技术出版社 .

刘海燕，王秀飞，王彦靖，等，2016. 玉米秸秆青贮饲料加工利用的研究进展 ［J］. 饲料研究 （23）：11-14.

刘荣章，翁伯琦，曾玉荣，2007. 农业循环经济：政策与技术 ［M］. 北京：中国农业科学技术出版社 .

马云华，2019. 中国农业基本现状与发展趋势 ［EB/OL］. 农业行业观察 （2019-11-06）［2021-05-10］. http：//www. nyguancha. com/bencandy. php？fid＝58&id＝10853.

孟岑，李裕元，许晓光，等，2013. 亚热带流域氮磷排放与养殖业环境承载力实例研究 ［J］. 环境科学学报，33 （2）：635-643.

彭春瑞，2012. 农业面源污染防控理论与技术 ［M］. 北京：中国农业出版社 .

邱瑾，2007. 有机食品的种植实务 ［M］. 贵阳：贵州科技出版社 .

任鹏飞，刘岩，任海霞，等，2010. 秸秆栽培食用菌基质研究进展 ［J］. 中国食用菌，29 （6）：11-14.

任翔宇，尚钊仪，车越，等，2012. 上海农村生活污水排放规律及土壤渗滤效果探讨 ［J］. 华东师范大学学报 （自然科学版，3）：138-144.

任正晓，2007. 农业循环经济概论 ［M］. 北京：中国经济出版社 .

沈志勇，2012. 中国农业产业化的未来发展趋势 ［EB/OL］. （2012-10-22）［2021-05-10］. http：//www. dsblog. net/blog/view/aid/529092/mid/10142.

谭兴平，2018. 土壤改良与农业可持续发展 ［J］. 农业与技术，38 （21）：57-58.

陶陶，尹昌斌，1997. 农业自然资源综合管理初探 ［J］. 资源科学 （1）：12-17.

田雁飞，马友华，胡园园，等，2010. 秸秆肥料化生产的现状、问题及发展前景 ［J］. 中国农学通报，26 （16）：158-163.

田原宇，乔英云，2013. 生物质气化技术面临的挑战及技术选择 ［J］. 中外能源，18 （8）：27-32.

田原宇，乔英云，2014. 生物质液化技术面临的挑战及技术选择 ［J］. 中外能源，19 （2）：19-24.

汪慧玲，2011. 农业自然资源评估 ［M］. 兰州：甘肃人民出版社 .

王芳，2006. 西部循环型农业发展的理论分析与实证研究 ［D］. 武汉：华中农业大学 .

王海存，2012. 发展生态循环农业提升农产品质量安全水平 ［J］. 中国农垦 （2）：57-58.

王志鹏，陈蕾，2019. 秸秆生物炭的研究进展 ［J］. 应用化工，48 （2）：444-447.

王志鹏，刘群昌，戴玮，等，2019. 基于水约束的种植结构优化方法综述 ［J］. 水利与建筑工程学报，17 （3）：231-235，246.

武深树，2010. 湖南省畜禽养殖场粪便污染治理意愿及其环境成本控制研究 ［D］. 长沙：

湖南农业大学.

肖海燕，2010. 湖南省农业可持续发展研究［D］. 长沙：湖南农业大学.

熊妍，2017. 湖南省农业面源污染形势估计及控制对策［D］. 湘潭：湖南科技大学.

杨林章，施卫明，薛利红，等，2013. 农村面源污染治理的"4R"理论与工程实践—总体思路与"4R"治理技术［J］. 农业环境科学学报，32（1）：1-8.

杨晓英，袁晋，姚明星，等，2016. 中国农村生活污水处理现状与发展对策—以苏南农村为例［J］. 复旦学报（自然科学版），55（2）：183-188，198.

尹昌斌，周颖，2008. 循环农业发展理论与模式［M］. 北京：中国农业出版社.

于晓雯，索全义，2018. 畜禽粪便中四环素类抗生素的残留及危害［J］. 北方农业学报，46（3）：83-88.

章继刚，2018. 创意农业：推进乡村产业链从低端走向高端［EB/OL］.（2018-11-20）［2021-05-10］. https：//m.sohu.com/a/276191465 _ 252008.

张新华，戈特瓦尔德，2008. 中国农业与食品企业的可持续性管理［M］. 上海：上海人民出版社.

赵方凯，杨磊，乔敏，等，2017. 土壤中抗生素的环境行为及分布特征研究进展［J］. 土壤，49（3）：428-436.

周颖，2015. 新时期循环农业发展模式与路径研究［M］. 北京：中国农业科学技术出版社.

邹冬生，高志强，2007. 生态学概论［M］. 长沙：湖南科技出版社.

邹冬生，廖桂平，2002. 农业生态学［M］. 长沙：湖南教育出版社.

Brown T R，Wright M M，Brown R C，2011. Estimating profitabilityof two biochar production scenarios：slow pyrolysisvs fast pyrolysis［J］. Biofuels Bioproducts & Biorefining，5（1）：54-68.

Xiu S，Shahbazi A，2012. Bio-oil production and upgrading research：a review［J］. Renewable& Sustainable Energy Reviews，16（7）：4406-4414.